当代城市规划著作大系

城乡统筹背景下的城乡风貌规划研究

袁 青 著

中国建筑工业出版社

图书在版编目（CIP）数据

城乡统筹背景下的城乡风貌规划研究/袁青著. —北京：中国建筑工业出版社，2013.3
ISBN 978-7-112-15292-6

Ⅰ.①城… Ⅱ.①袁… Ⅲ.①城乡规划-研究 Ⅳ.①TU98

中国版本图书馆 CIP 数据核字（2013）第 059206 号

责任编辑：徐 冉 张 明
责任设计：董建平
责任校对：陈晶晶 赵 颖

当代城市规划著作大系
城乡统筹背景下的城乡风貌规划研究
袁 青 著
*
中国建筑工业出版社出版、发行（北京西郊百万庄）
各地新华书店、建筑书店经销
北京科地亚盟排版公司制版
北京富生印刷厂印刷
*
开本：850×1168 毫米 1/16 印张：10¾ 字数：250 千字
2012 年 12 月第一版 2012 年 12 月第一次印刷
定价：**42.00** 元
ISBN 978-7-112-15292-6
（23321）

（邮政编码 100037）

序

城市与乡村，虽同属于人类聚居环境，但其美却各有不同。与城市之美多表现为人工的、强制的、喧嚣的味道不同，乡村之美则体现出自然的、随意的、恬静的特征，世界大致是由这样两种不同的风貌组成的。

按照《辞海》的解释，“风貌”为“风采容貌，亦指事物的面貌和格调”。但我认为，对于城市和乡村这种聚居环境来说，风貌大概可以解析为风景和面貌，而风景又可以解读为风土和景观，也就是说，所谓风貌，就是由特有的风土以及这些风土构成的景观所形成的一种面貌。这样一种认识也许不被所有人认同，姑且作为一家之言吧。

19 世纪末的两位卓越的城市理论家索利亚·马塔和埃布尼泽·霍华德在他们各自的城市理论中，都提到了把文明带给乡村和把自然带入城市的思想：理想的城市是兼具城市与乡村优点的人工环境，要让城市乡村化、乡村城市化。这大概可以被视为统筹考虑城乡建设、整体思索城乡风貌问题的肇始。今天我们在欧洲大陆到处都能见到的城市、乡村彼此守望，风景独好的场面想必与这种思想的一以贯之有极大的关系。反观我国，在过去的一段时间内，许多城市和乡村固有的风貌被改变，而这种改变又被作为积极的、正面的东西被反复宣传、借鉴、抄袭，从而造成了城市的千城一面和乡村的千篇一律，中国的城乡正在面临失掉特色、文化和风格的危险，对于城乡风貌的研究势在必行。

本书作者立足于城乡统筹的发展战略，对我国城乡发展中出现的新趋势和新问题做了较为深入的思考，提出了城乡风貌统筹的新概念，使城市、乡村与自然融合，使城乡经济、社会、生态、文化得到统筹发展。从自然、生态、文化、经济、社会、地域等多方面对城乡风貌进行了系统的分析研究，提炼出各空间层面的城乡风貌特色要素及相互关系，从宏观和中观层面探讨了确定城乡风貌的规划对策与设计方法。提出城乡风貌要素由自然风貌特色要素和人文风貌特色要素组成，其结构依不同的影响程度分为风貌圈、风貌区、风貌带、风貌核。通过以实现城乡统筹的城乡风貌为目的的系统观，以实现景致宜人的城乡风貌为目的的自然观，以实现可持续的城乡风貌为目的的生态观，以实现底蕴深厚的城乡风貌为目的的地域观，以实现历史与时代交融的城乡风貌为目的的文化观来指导规划实践。作者的这些重要且独到的观点对于开展城乡风貌规划的研究和实践都有着积极的意义。

走过历史的轮回，我们已经开始重新认识自然与人的关系、城市与乡村的关系。城乡风貌规划的提出与研究，只是一个开端，需要做的事还很多，还需要更多的人参与其中，希望以此书的完成为契机，大家共同为我国城市与乡村的风貌特色保护与规划建设做出努力。

哈尔滨工业大学建筑学院教授、博士生导师，城市设计研究所所长

前　言

城乡统筹战略是中国城镇化推进进程中的一项重大发展战略，以城乡完全融合互为资源、互为市场、互相服务为基本手段，在经济、社会、文化、生态协调发展的良性过程中，缩小城乡发展差距，消除城乡差别，最终实现城乡一体化发展。

伴随着我国城乡一体化进程的快速发展，城乡经济社会发展进入了新时期。这一变化为我国城乡风貌规划拓展出更宽阔的视野，对城乡风貌的规划范畴、设计理念以及内容与方法上都提出了更高、更新的要求，要求规划管理者和参与者摒弃将城乡对立的思想观念和工作方法，将城市和乡村作为一个有机整体进行统筹考虑。与此同时，随着城市和乡村地域经济的发展和社会文化的变迁，原有的城乡生态网络、产业结构、空间布局和社会文化形态等都发生深刻的变革。在这场变革中，一方面，由于缺乏对城乡风貌特色的研究，导致中国各地出现风貌趋同、原有特色风貌不断消失的危机。另一方面，城市风貌规划无论是在研究范围还是在研究内容上都无法满足城乡统筹的发展要求。本文的研究就是基于这样的背景展开的，在对以往相关规划设计方法和相关理论研究的基础上，对城市风貌研究内容进行了拓展和深化，提出了城乡风貌研究的对策框架。

研究在分析统筹背景下城乡发展出现的新趋势以及现阶段城乡风貌面临的新问题基础上，确定以系统科学、景观生态学、人文地理学、区域经济学等相关学科作为指导城乡风貌研究的理论基础，提出城乡风貌特色要素组成和城乡风貌空间结构构成，从自然、生态、文化、经济、社会、地域等多个方面对城乡风貌进行系统的分析研究，提炼出不同空间层面的城乡风貌特色要素及相互关系，以统筹的角度从宏观、中观层面确定城乡风貌规划的对策与设计方法。

研究对城乡风貌的规划控制策略加以整合，从宏观、中观层面，将人文景观风貌、生态景观风貌、空间形态风貌、经济产业风貌融为一体，形成适用于各空间层次的城乡风貌特色塑造对策与方法。同时，对城市人工建筑风貌特色、乡村植被景观特色、自然山水风貌特色等不同地域空间的风貌特色要素及其相互关系进行研究，进而生成“城市—乡村”统筹发展的城乡风貌格局建构策略。

作为对研究所提出的城乡风貌规划策略的实践验证，研究以笔者曾主持的“北京昌平城乡特色风貌控制规划”为例，就此前所论及的城乡风貌特色定位、规划策略及控制引导等方面的相关问题进行详细的阐释。同时，在该实践规划中引入层次分析法、遥感和地理信息系统分析法和风貌满意度调查分析法等技术的应用，采用定性评价与定量评价相结合的方法，增强城乡风貌评价的可信度和客观性，以更好地指导城乡风貌规划实践，为进一步完善城乡风貌规划研究提供了第一手的理论依据。另外，笔者对书中所有引用资料的来源进行了详细标注，未标注的部分均为笔者原创内容。

目 录

第 1 章

绪　　论

1.1 研究的缘起

1.1.1 研究背景

1.1.1.1 城乡统筹的发展需求

中国共产党第十六次全国代表大会提出城乡统筹的重大发展战略，要求改变以往将城乡对立的观念，打破旧有的城乡二元经济结构，统筹城乡经济社会发展，实现城乡基础设施和公共服务设施的共享，最终达到城乡一体化发展。城市规划作为实现城乡统筹发展的重要法律保障，为适应城乡统筹的发展要求也在发生着重大的转变。

2008年以前我国实行的《中华人民共和国城市规划法》较多地关注城市建成区内的规划与建设问题，乡村规划实行另外的标准，这种做法将城市和乡村对立起来单独考虑。伴随着我国城乡矛盾的加剧，原有的《中华人民共和国城市规划法》表现出很多不足，在此背景下《中华人民共和国城乡规划法》由第十届全国人民代表大会常务委员会第三十次会议于2007年10月28日通过，并于2008年1月1日起施行，从此我国的城乡统筹规划在规划法规上有了重要的保障。《中华人民共和国城乡规划法》的颁布从法律上为城乡统筹提供了保障，要求规划工作人员转变旧有观念和规划方法，在规划研究和实践中将整个城乡地域作为一个有机整体，统筹安排城乡各项规划工作。

1.1.1.2 城乡风貌特色的发展需求

在全球经济一体化的背景下，随着城乡建设日新月异的发展，"文化殖民主义"现象日趋严重，人们的生活方式、价值观念的逐步趋同引发了城市建设的趋同。目前，我国众多城市将建设商务、商贸城市和打造国际化大都市作为自己的发展目标，结果造成了城市功能趋同，进而导致城市风貌趋同现象发生。与此同时，全国各地轰轰烈烈地开展新农村建设运动，其中存在着盲目按城市模式建设农村社区的现象，原有亲切宜人的农村居住环境离我们越来越远。

由于城乡快速发展建设忽视了对地域特色的追求，众多承载着文化情感的历史文物逐渐被遗忘和破坏，城市和乡村的人文魅力日渐淡化。在这种发展形势下，无论是城市居民还是乡村居民都逐渐失去了对居住地的归属感和认同感。城乡特色危机日益显现，使人们开始认识到城乡风貌规划的重要性，并希望通过合理有效的城乡风貌规划提升城市和乡村的品质和内涵，塑造特色鲜明的城乡形象。"1985年，建设部在银川召开有十几个城市代表参加的改进城市风貌座谈会。1988年，建设部明确提出'根据不同的气候条件，不同的经济发展水平，不同的民族风俗习惯，建设有中国社会主义特色的格局风格的城市和村镇'。"[1] 此后我国开展了大量城市风貌规划和环境整治的研究和实践。

1.1.2 研究的提出

为维护和培育良好的城乡风貌格局，塑造特色鲜明的城乡风貌景观，使城市、乡村与

---

[1] 石成球. 关于城市特色问题的讨论［J］. 建筑学报，1991（6）：19-21.

自然融合，使城乡经济、社会、生态、文化统筹发展，本书在城乡统筹发展的背景下提出“城乡风貌规划”的概念。

1.2 城乡风貌规划相关研究

1.2.1 国外研究状况

1.2.1.1 国外相关理论研究

国外对于城乡风貌规划开展的直接研究相对较少，间接研究主要包括从城市角度出发以及从景观角度出发进行的相关研究。

(1) 从城市角度进行的相关研究　早在19世纪末，索利亚·马塔（Arturo Soria Y Mata）就强调通过带状的城市布局形态“把城市乡村化，把乡村城市化”，即保证城市居民便于接近自然的同时，将文明设施带到乡村，将城市与乡村结合起来，综合考虑整体布局。20世纪初，霍华德（E·Howard）的“田园城市”理论则较早反映了城乡融合思想，认为理想城市兼具城市和乡村优点，应避免无限制地扩张，布满各种绿地，绿地在空间上互相联系，交织成网[1]。

现代主义建筑大师勒·柯布西耶（Le Corbusier）倡导用规则的、有机发展的模式取代传统的城市布局，在他构想的理想城市中，高层建筑集中布局，周边为大面积公共绿地，城市交通采用立体布局。总体来说，这是几何性、工业性很强的城市，城市风貌机械化，缺乏社会性和文化性，并且不够亲切（图1-1）。

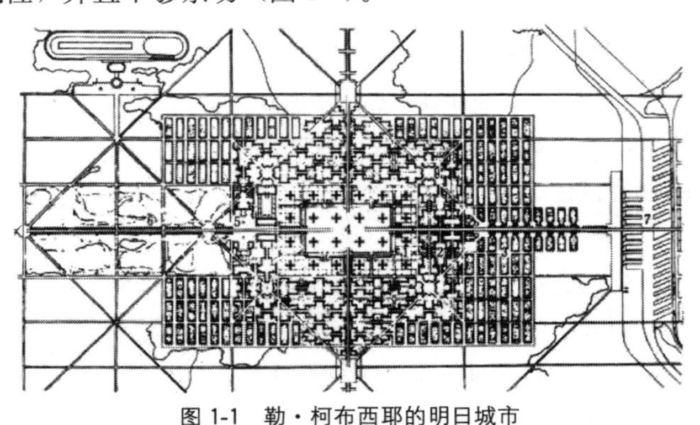

图1-1　勒·柯布西耶的明日城市

资料来源：勒·柯布西耶. 明日之城市［M］. 李浩译. 北京：中国建筑工业出版社，2009.

另一位建筑大师赖特（Frank Lloyd Wright）提出的“广亩城市”（Broadacre City）则将工业区、商业区、住宅区、公共设施和农业区沿铁路和公路干线布置，每户家庭周围有一英亩的土地，生产供自己消费的食物，充分将城市生活与自然融合，乡村风貌特色浓郁，其建设思想对当今美国城市发展仍然有深远的影响。

在城市设计研究领域，凯文·林奇（Kewin Lynch）精辟地提出了城市意象的五要素：区域、边缘、路径、节点和地标。他认为认知城市主要就是通过以上五个要素展开的，城

---

[1] 徐苏宁. 城市设计美学［M］. 北京：中国建筑工业出版社，2007.

市应当具有鲜明的风貌特色并且便于认知，而城市的风貌特色应从城市设计五要素中体现出来（图 1-2）。

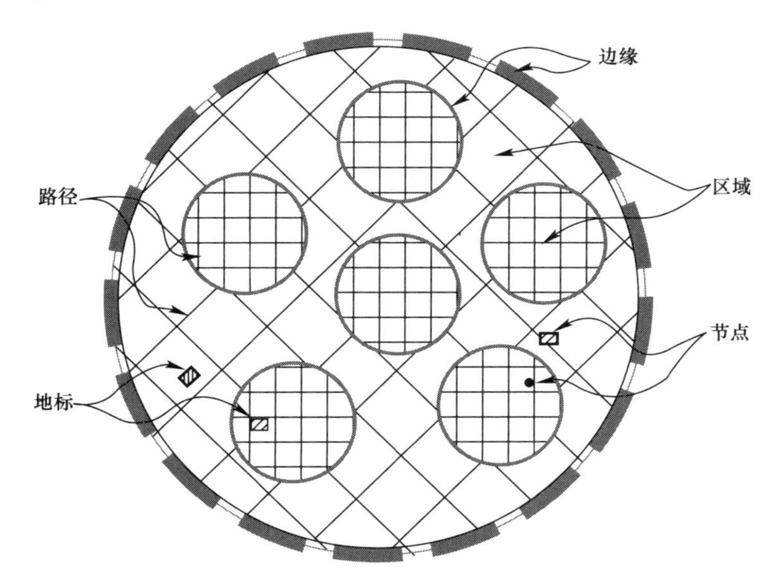

图 1-2 根据林奇城市形象的要素绘制的城市构成图

芦原义信对中小尺度的城市空间设计进行了较为深入的研究，提出城市外部空间的设计方法，并以街道空间环境为载体，从空间尺度、行人心理、景观美学等多方面探讨了城市街道的设计方法，对指导城市风貌建设有着重大的意义。

柯林·罗（Colin Rowe）和弗瑞德·科特（Ferd Koetter）则抨击了那些乌托邦式的追求统一完整的设计传统，提倡运用“拼贴”的思想去设计城市，鼓励运用“有机拼贴”的方式建设城市。这种思想对城市风貌的影响与之前很多的思想都不同，它不追求完整的、统一的城市风貌，而是希望在城市旧有的环境之上，通过改善和完善，创造“拼贴”的城市风貌。

埃利尔·沙里宁（Elieel Saarinen）强调应当把城市的物质空间环境设计与社会、经济、文化、技术和自然条件等各个方面结合起来考虑，从而创造居民基本生活所需的良好环境。在他的思想指导下，城市风貌的体现也不再仅仅局限于空间和形态层面，还包含了城市的精神风貌。

刘易斯·芒福德（Lewis Mnmford）认为，在城市的发展建设中，最主要是要考虑人类的需求，包括人的基本需求、精神需求以及社会需求等，城市建设应符合人的尺度，而不是无秩序的扩大。❶

岸根卓郎强调不能按照城市的建设模式改造农村，应采用“城乡融合设计”的理念，建设农业和工业协调发展的“农工一体复合社会系统”及“自然、空间、人类系统”。这些研究对于当代的城乡风貌建设具有借鉴意义。

---

❶ Lesis Mumford. The City in History: Its Origins its Transformation and its Prospects [M]. New York: Harcourt Brace&World, 1961: 571.

(2) 从景观角度出发进行的相关研究　伊恩·伦诺克斯·麦克哈格 (Ian Lenox Mcharg) 运用生态学原理，研究人类与大自然的依存关系，强调土地的适宜性以及景观规划与自然的结合，对改变当时城市风貌有着十分重要的作用。

大卫·科尔曼 (David Coleman) 对欧洲的景观多样性进行了研究，并提出了区域景观管理的理念。❶ 在此基础之上，约翰·汉德理 (John Handley)、罗伯特·伍德 (Robert Wood)、苏·基德 (Sue Kidd) 等对英格兰西北部的景观进行区域统筹研究。他们针对优美景观退化而缺乏统筹保护的现状，提出在区域规划的指导下，形成规划和管理协调一致，共同作用于景观的方案。以区域经济战略和可持续发展为基础，综合指导环境和景观建设。以区域统筹景观策略为手段，通过协调多方利益、加强连接作用和创新邻里关系的实施细则，对景观进行整体考虑。❷ 此项研究对景观风貌的城乡统筹思考有重要的启示。

伊恩·汤普森 (Ian Thompson) 通过对英国景观设计师审美价值的调查分析，提出“美学、社会和环境是景观的三个主导要素”，强调应在技术的支持下，整合三个要素进行设计。❸ Matthias Bürg、Anna M. Hersperger 和 Nina Schneeberger 对景观变化的驱动力进行了研究，指出“时间、空间、社会作用和土地利用是景观演变的主要要素”，从动态的角度对空间、社会、自然相结合的景观风貌研究起到了推动作用。❹

Arjen E. Buijs、Bas Pedroli、Yves Luginbuhl 对法国和荷兰的景观案例进行研究后指出，景观的社会需求在不断提高，人类选择对景观风貌变化的影响已经对自然景观的保护和维持产生了一定的冲击，在景观风貌的设计和管理中应注意多方面因素的协调，采用有效的政策和对策发展景观风貌。❺

此外，传统景观风貌规划的注意力更多地集中在外在形式和尺度上。随着人与自然间矛盾的不断凸显，景观风貌研究的不断深入，区域统筹发展、复合发展和可持续发展逐渐走入人们的视野。例如，2000 年英格兰西北部的景观策略从区域视角出发，通过更广泛领域的综合决策，制定了可持续的景观风貌发展目标，为未来景观风貌发展指明了方向。❻

在景观的空间尺度方面，Valerie I. Cullinan 和 John M. Thomas 在研究生态景观现象和规模依赖因素之外，提出了应对景观的空间尺度运用量化确定方法运用研究的观点。❼ 研究结果表明单一方法并不能完全解决景观空间尺度的决策，而应该采用基于实际情况的多

---

❶ David Coleman. Landscape diversity in Europe: managing regional landscapes [J]. Landscape Research, 1993 (1): 35-39.

❷ John Handley, Robert Wood, Sue Kidd. Defining coherence for landscape planning and management: a regional landscape strategy for North West England [J]. Landscape Research, 1998 (2): 133-158.

❸ Ian Thompson. Aesthetic, social and ecological values in landscape architecture: A discourse analysis [J]. Ethics, Policy & Environment, 2000 (3): 269-287.

❹ Matthias Bürgi, Anna M. Hersperger, Nina Schneeberger. Driving forces of landscape change-current and new directions [J]. Landscape Ecology, 2004 (19): 857-868.

❺ Arjen E. Buijs, Bas Pedroli, Yves Luginbuhl. From hiking through farmland to farming in a leisure landscape: changing social perceptions of the European landscape [J]. Landscape Ecology, 2006 (21): 375-389.

❻ Sue Kidd. Landscape planning at the regional scale: an example from North West England [J]. Landscape Research, 2000 (3): 355-364.

❼ Valerie I. Cullinan, John M. Thomas. A comparison of quantitative methods for examining landscape pattern and scale [J]. Landscape Ecology, 1992 (7): 211-227.

种方法复合量化确定，拓宽研究思路。Monica G. Turner 和 Robert V. O'Neill 等针对空间尺度变化对景观的影响这一主题进行了讨论，通过对一系列景观要素数据的统计分析，得出了空间尺度与景观之间的关系，是景观的量化分析中具有代表性的一次研究。[1] 在此基础上，Monica G. Turner 将时间要素与空间要素融合，对空间尺度分析进行了全面而有力的补充，同时他强调 GIS（Geographic Information System，地理信息系统）在景观空间尺度分析中的重要作用，并提出了一套切实可行的评价方法。[2]

1.2.1.2 国外相关研究成果

19 世纪末美国的城市美化运动采用古典主义与巴洛克风格相结合的手法来设计城市，对城市进行规整化和形象设计，力图达到改善城市物质环境的目标，但城市美化运动由于其具有的局限性，很快在历史舞台逝去。

20 世纪 40 年代，美国开始大规模的城市更新与改造，采用大拆大建的外科手术式更新方法，虽然在整体城市形象方面有所改进，但由于它将社会现实理解得过分简单化，并未使城市融合为有机整体，使城市失去了有机性、延续性和多样性。城市呈现出大规模的统一但缺乏生气、简单的组合，缺乏有机融合的风貌特点。之后，随着大规模的城市更新与改造被中、小规模的渐进式更新规划所替代，城市更新的内容与目标呈现多样化，城市风貌也有所改善，变得更加宜人和亲切。

在 20 世纪 70 年代后期至 80 年代中后期，为抑制城市过度膨胀，日本政府着手进行农村地区的改造建设，主要通过基础设施的建设和保留、提升农村地区文化面貌的方法，使传统文化融入现代生活，有关人士称之为"造乡运动"。"造乡运动"强调城镇的内在发展，由当地居民参与，达到"一村一品，各不相同"的目的。

"2020 年莫斯科城市总体规划"将保护有价值的历史建筑与城市风貌作为总体规划的重要内容，几乎在每一个章节都要强调莫斯科城市的开发和建设不得损害保护建筑与历史街区的原有风貌，具体规定了不同地段城市开发与建设的限制条件。

丹麦哥本哈根的总体规划与相关法律也非常重视名城保护工作，非常具体地规定了保护的内容与要求。严格而明确的法律规定，使名城保护工作有了坚强的保障。[3]

近年来，城市环境受到越来越多市民和规划者的重视，自然景观风貌的恢复和城市公园及开敞空间的营造成为了研究热点之一，例如日本东京的东京湾鸟类保护公园和加拿大多伦多的汤米汤普森公园。通过对比研究发现，传统的城市公园和开放空间是存在替代规划模式的，即在没有明确的土地利用分化情况下，公共空间和绿地的复合式可持续发展也可以实现。通过整合与统筹规划，调整城市景观结构，进而完成生态城市的建设目标。[4]

---

[1] Monica G. Turner，Robert V. O'Neill，Robert H. Gardner，Bruce T. Milne. Effects of changing spatial scale on the analysis of landscape pattern [J]. Landscape Ecology，1989 (3)：153-162.

[2] Monica G. Turner. Spatial and temporal analysis of landscape patterns [J]. Landscape Ecology，1990 (4)：21-30.

[3] 吕民元，俞德鸣. 城市·历史·规划——莫斯科、哥本哈根诸城市风貌与城市规划工作考察暨思考 [J]. 上海城市规划，2000 (6)：33-39.

[4] Makoto Yokohari，Marco Amati. Nature in the city，city in the nature：case studies of the restoration of urban nature in Tokyo，Japan and Toronto，Canada [J]. Landscape Ecol Eng，2005 (1)：53-59.

除此之外，在片区层面，近年来许多城市开展了风貌的整治与建设实践。法国巴黎针对香榭丽舍周边地区存在的街景混乱问题，在20世纪80年代末提出“拯救香榭丽舍计划”，开展整治工作，主旨在于恢复香榭丽舍的传统风貌特色（图1-3）。

图1-3　法国巴黎香榭丽舍大道风貌

美国的波士顿针对城市高架高速路带来的交通拥挤严重、空气质量差、经济逐渐萧条以及对城市风貌的严重影响等问题，实施了宏伟的“大开挖”（Big Dig）计划，将车行道完全引入地下，地上部分为人行和城市公园，不仅解决了交通问题，同时创造了良好的城市风貌景观，还带来了该片区的经济复苏（图1-4）。

（*a*）波士顿高架高速路改造前

（*b*）波士顿高架高速路改造后

图1-4　波士顿高架高速路改造前后对比图

资料来源：http://a4367007.blog.163.com/blog/static/5312442220101051036[OL].

在景观及风貌的技术应用实践领域，比较有代表性的是1983年发起的荷兰景观生态测绘项目（Landscape-ecological mapping of the Netherlands，LMN）。LMN旨在建立发展和评估国家土地利用计划。该项目以$1km^2$网格为工作单元，基于GIS技术对荷兰全境进行

研究。除了包含土壤、地下水、生态区、植物和动物等基本信息，研究所得的数据库还包含自然地理特点和全部景观的信息。❶

总之，国外很多国家和地区都开展了专项的风貌建设或是城乡建设来促进风貌的改观。在这一过程中，注重自然与人工环境的结合十分重要，并且应注重保护历史环境与文化，只有这样才能创造出适合该地区发展的、保存有历史印记的良好的城乡风貌。

1.2.2 国内研究状况

1.2.2.1 国内相关理论研究

我国开展城乡风貌规划的研究与国外相比较晚，且主要集中在城市风貌规划的研究上。最早的城市风貌特色研究主要集中在特色街区的保护和历史文化名城的保护等方面。随着各地对城市形象的重视，城市风貌特色的研究逐渐在各地广泛开展，研究范畴逐渐扩大，内容不断丰富。按照研究对象的不同可以将相关研究分为直接以城市风貌为主题的研究和以城市风貌相关内容为主题的研究。前者主要研究城市风貌的系统构成、风貌规划的内容和层次结构，后者从生态景观规划、人文景观规划、城市特色研究等相关方面进行景观特色构建、城市特色定位等与城乡风貌相关的研究。

（1）直接以城市风貌为主题的研究　　该方面的研究主要集中在城市风貌构成要素、风貌规划体系建构和风貌评价等内容。同济大学蔡晓丰在其博士论文《城市风貌的解析与控制》中系统地研究了城市风貌的构成要素和风貌载体，并在此基础上提出了城市风貌评价方法、风貌管制和风貌规划编制内容。2007 年，天津大学的夏雨以《城市风貌规划中的风景造型研究》为题撰写的硕士论文，以青岛市黄岛区城市风貌规划为例，提出了“风景造型”的研究理论，主要分析了城市风貌规划中风景造型的目的、原则和规划过程，并对黄岛区风景造型的研究与规划进行了阐述。余柏椿和周燕在《论城市风貌规划的角色与方向》一文中分析了城市风貌规划的地位和作用，提出了城市风貌规划的“核心内容为城市风貌的定位、城市风貌影响要素的引导与控制”❷。钱诗瞳、孙世界在《基于管控的城市风貌规划引导方法研究——以山东广饶风貌规划为例》一文中以山东广饶县城市风貌规划为例，提出了构建“结构导则—分区导则—地段导则”三级风貌导则层次的风貌规划方法，并从宏观、中观、微观三个层面具体归纳了各层次控制引导的要点和方式。此外，丘连峰、邹妮妮在《城市风貌特色研究的系统内涵及实践——以三江城市风貌特色研究为例》一文中提出借用类型学和城市意象的研究方法，通过制定分图图则、重点地段设计、行动计划、管理监督、奖惩措施等方法进行城市风貌构成要素的控制引导。

（2）基于生态景观规划的景观风貌研究　　由于城乡风貌的构成要素众多，其中自然生态要素是风貌系统的重要组成。生态景观规划的相关研究对于推动景观风貌的研究具有重大意义。景观风貌规划相关的研究主要是借助景观生态学和城市设计相关理论，研究城

❶ Kees J. Canters, Cees P. den Herder, Aart A. de Veer, Paul W. M. Veelenturf, Rein W. de Waal. Landscape-ecological mapping of the Netherlands [J]. Landscape Ecology, 1991 (5): 145-162.

❷ 余柏椿，周燕. 论城市风貌规划的角色与方向 [J]. 规划师，2009 (12): 22-25.

市景观格局的建构、基于自然山水要素的城市空间布局、城乡景观视觉形象的塑造、城乡绿地系统规划以及区域生态安全格局的建构等方面。在此方面的研究中，北京大学俞孔坚教授积极倡导基于生态基础设施的国土规划、景观规划和城市用地布局，大力倡导景观规划应注重乡土气息，尊重地域文化。武汉大学的彭青在其硕士论文《武汉市景观地域体系研究》中对城市景观地域结构和功能进行了研究，并以武汉市城市景观地域体系的建构为例，深入探讨了城市景观地域体系建构的方法和步骤。西安建筑科技大学的邢卓在其硕士论文《结合自然山水的总体城市设计研究——以陕南安康为例》中借助生态学和生态美学的理论探讨了在总体城市设计中利用自然山水要素构建城市景观骨架的策略和方法。此外，重庆大学以山地城市为主要研究对象，对山体城市景观风貌、用地布局和城市轮廓线等进行了大量的研究。

（3）基于人文景观规划的城乡风貌研究　随着人们对景观风貌认识的逐步深入，越来越多的学者将文化地理学的理论与景观风貌研究相结合，探讨景观风貌规划如何体现地域文化和进行文化景观保护与规划的相关研究。东南大学的蔡晴在其博士论文《基于地域的文化景观保护》中提出“文化景观保护主要由历史景观保护管理与修复和自然生态保护管理与维护两部分工作组成”[1]，并将我国的文化景观遗产分为历史的设计景观、大遗址景观、聚落景观和风景名胜区四类，并提出了相应的修复和维护策略。昆明理工大学的范颖在其硕士论文《基于文化地理学视角的楚雄城市特色景观风貌研究》中借助文化地理学的相关理论，将城市景观划分为区域景观、自然景观、文化景观三类，并以此为基础提出了构建楚雄城市特色景观风貌的具体方法。天津大学的赵光在其硕士论文《滨水城市风貌塑造中的非物质要素传承研究》中提出了非物质文化的分类和城市风貌规划中非物质要素整合与传承的具体策略和方法。长安大学的任冬冬在其硕士论文《黄土文化在城市风貌中的体现——以延安市为例》中借用城市美学和文化符号学相关理论，分析提炼黄土文化艺术特质，提出了八种城市风貌塑造方法。相关研究还有福建师范大学郭希彦的《地域文化在景观设计中的应用研究》、南京林业大学的张艳双的《地域文化在景观中的表现与设计——以南京六合滁河环境整治工程景观规划设计为例》、东南大学的季蕾的《植根于地域文化的景观设计》等。

（4）基于城市特色理论的风貌研究　城乡风貌规划需通过提炼城乡范围内的特色构成要素来进行风貌定位和引导。有些研究不直接以城市风貌为研究对象，研究的侧重点放在城市特色上。有关城市特色的研究主要涉及城市特色主题的确定、城市景观特质的提炼、城市形象的树立等几个方面。城市特色研究的内容很多涉及风貌定位和风貌分类的相关内容。例如，华中科技大学余柏椿教授从城市特色审美结构、城市特色审美对象、城市特色资源评价、城市景观特色定位以及城市特色保护与创新等方面对城市特色进行了一系列研究，并撰写了大量的学术文章。清华大学侯正华在其博士论文《城市特色危机与城市建筑风貌的自组织机制》中，从城市建筑风貌的角度探讨了全球化背景下城市特色构建的方法。哈尔滨工业大学李浩东在其硕士论文《总体城市设计中城市特色的塑造研究》中将

[1] 蔡晴. 基于地域的文化景观保护［D］. 南京：东南大学，2006.

城市特色资源分为自然资源和社会资源，在深入探讨城市特色资源转化和特色传承的基础上，从宏观、中观、微观三个层面提出了总体城市设计中特色塑造的具体方法。此外，华中科技大学叶凡君在其硕士论文《城市空间环境特色规划初探》中，以城市空间环境特色为研究对象，提出了城市空间环境特色定位的方法以及城市空间环境形象结构的构建和景观控制具体策略。

2007 年世界华人建筑师协会城市特色委员会出版了《城市特色研究与城市风貌规划——世界华人建筑师协会城市特色委员会 2007 年会论文集》，汇集了大量建筑师对城市特色研究与城市风貌规划的理论研究。同时同济大学成立了由吴伟教授领衔的城市风貌特色研究中心，致力于城市风貌特色的理论研究与设计实践。此外，2009 年在广西百色市举办了“城市风貌规划与特色塑造主题论坛”，许多专家学者进行了相关的学术报告。随着社会的发展，国内许多城市逐步意识到城市风貌对于城市形象的重要性，在规划设计研究中进行了一些初步的尝试。例如武汉市邀请国内外四家著名设计机构进行武汉城市风貌特色研究，南宁市进行了“南宁市城市风貌规划研究”的征集等。但是，国内对于城市风貌的研究起步比较晚，许多研究都是理论脱离实际，而许多现阶段进行的实践则缺少理论的支持，并没有形成一套完整的理论体系。

国内城市风貌相关理论研究见表 1-1。

国内城市风貌相关理论研究　　表 1-1

研究范畴	研究角度	年代	研究者	研究成果
以城市风貌为主题的研究	城市风貌的解析与控制	2005 年	蔡晓丰	研究了城市风貌的构成要素和风貌载体，并在此基础上提出了城市风貌评价方法、风貌管制和风貌规划编制内容
	城市风貌规划中的风景造型研究	2007 年	夏雨	以青岛市黄岛区城市风貌规划为例，提出了“风景造型”的研究理论，主要分析了城市风貌规划中风景造型的目的、原则和规划过程，并对黄岛区风景造型的研究与规划进行了阐述
	城市风貌规划的角色与方向	2009 年	余柏椿 周燕	分析城市风貌规划的地位和作用，提出城市风貌规划的“核心内容为城市风貌的定位、城市风貌影响要素的引导与控制”
	基于管控的城市风貌规划引导方法研究	2009 年	钱诗瞳 孙世界	提出了构建“结构导则—分区导则—地段导则”三级风貌导则层次的风貌规划方法，并从宏观、中观、微观三个层面具体归纳了各层次控制引导的要点和方式
	城市风貌特色研究的系统内涵及实践	2009 年	丘连峰 邹妮妮	借用类型学和城市意象的研究方法，通过制定分图图则、重点地段设计、行动计划、管理监督、奖惩措施等方法进行城市风貌构成要素的控制引导
基于生态景观规划的景观风貌研究	基于生态基础设施的国土规划、景观规划和城市用地布局		俞孔坚	倡导景观规划应注重乡土气息，尊重地域文化
	武汉市景观地域体系研究	2004 年	彭青	对城市景观地域结构和功能进行了研究，并以武汉市城市景观地域体系的建构为例，深入探讨了城市景观地域体系建构的方法和步骤
	结合自然山水的总体城市设计研究	2003 年	邢卓	借助生态学和生态美学的理论探讨了在总体城市设计中利用自然山水要素构建城市景观骨架的策略和方法
	山地城市风貌		重庆大学	以山地城市为主要研究对象，对山体城市景观风貌、用地布局和城市轮廓线等进行了大量的研究

续表

研究范畴	研究角度	年代	研究者	研究成果
基于人文景观规划的城市风貌研究	基于地域的文化景观保护	2006年	蔡晴	文化景观保护主要由历史景观保护管理与修复和自然生态保护管理与维护两部分工作组成。将我国的文化景观遗产分为历史的设计景观、大遗址景观、聚落景观和风景名胜区四类，并提出了相应的修复和维护策略
	基于文化地理学视角的楚雄城市特色景观风貌研究	2007年	范颖	借助文化地理学的相关理论，将城市景观划分为区域景观、自然景观、文化景观三要素，并以此为基础提出了构建楚雄城市特色景观风貌的具体方法
	滨水城市风貌塑造中的非物质要素传承研究	2007年	赵光	提出了非物质文化的分类和城市风貌规划中非物质要素整合与传承的具体策略和方法
	黄土文化在城市风貌中的体现	2010年	任冬冬	借用城市美学和文化符号学相关理论，分析提炼黄土文化艺术特质，提出了八种城市风貌塑造方法
基于城市特色理论的风貌研究	特色审美结构、特色审美对象、特色资源评价、景观特色定位、特色保护与创新		余柏椿	通过诸多研究角度对城市特色进行了一系列的研究，撰写了大量的学术论文
	城市特色危机与城市建筑风貌的自组织机制	2003年	侯正华	从城市建筑风貌的角度探讨了全球化背景下城市特色构建的方法
	总体城市设计中城市特色的塑造研究	2008年	李浩东	从宏观、中观、微观三个层面提出了总体城市设计中特色塑造的具体方法
	城市空间环境特色规划	2007年	叶凡君	以城市空间环境特色为研究对象，提出了城市空间环境特色定位的方法，以及城市空间环境形象结构的构建和景观控制具体策略

1.2.2.2 国内相关研究成果

随着近年来理论研究的深入和各地领导者对城市风貌整治规划的重视，各地纷纷开展各种类型和层次的风貌规划研究。“各个城市所编制的城市风貌规划的类型不一、内容和深度各不相同、成果表达方式也不统一”。[1] 归纳起来主要分为从城市设计的角度、景观生态学的角度和实施管理的角度来进行风貌规划研究（表1-2）。从城市设计的角度进行景观风貌规划的实践开展较早，主要是对城市内重要的景观区域、景观节点和景观路径运用城市设计的方法进行引导和控制。早期从城市设计角度进行的城市风貌规划，仅仅作为总体规划中的专项规划，后来一些地域和城市将其作为独立的规划项目来研究。北京大学俞孔坚教授将景观生态学相关理论引入到城市风貌规划领域，将风貌规划与生态安全格局相结合，并主持了山东省威海城市风貌规划。

[1] 余柏椿，周燕．论城市风貌规划的角色与方向［J］．规划师，2009（12）：22-25.

城市风貌相关实践成果 表 1-2

研究角度	机构名称	实践项目名称	主要成果
城市设计角度	华中科技大学余柏椿教授及其率领的设计团队	岳阳主城区风貌规划	对岳阳主城区及其重要公共空间进行风貌定位，并对风貌敏感空间进行风貌要素的引导与控制
	广东省城乡规划设计研究院	柳州市城市景观风貌规划	作为柳州市城市总体规划的专项规划，提出从“城市总体景观风貌定位、城市景观风貌系统与分区指引、近期重点地区建设导引三个层面”[①]进行城市景观风貌控制
	哈尔滨工业大学城市设计研究所	哈尔滨市特色景观系统规划	对哈尔滨特色景观与城市历史文化的联系进行探讨并对哈尔滨市特色景观系统的内容和结构进行了研究，进而提出一系列的规划策略
	哈尔滨工业大学深圳研究生院城市与景观设计研究中心	深圳市龙岗区城市风貌特色研究框架初探	从城市设计的角度，运用城市设计方法从宏观、中观、微观三个层面提出龙岗区风貌特色控制方法，并编制了《深圳市龙岗区城市风貌特色管理手册》和《深圳市龙岗区城市风貌特色宣传手册》
景观生态学角度	北京大学俞孔坚教授及其所率领的设计团队	威海城市风貌规划	运用景观生态学相关理论，将城市风貌规划建立在生态基础设施规划的基础上，提出了不同发展策略下城市空间形态的预测评价
实施管理角度	黑龙江省建设厅	黑龙江省城市景观风貌特色规划编制规范	由省级主管部门制定的城市风貌特色规划编制要求
	鹤壁市城市规划管理局	鹤壁市新区城市空间风貌特色规划管理若干规定（试行）	严格控制新区城市空间结构，对生态空间、建筑风格、城市设施等进行相应的控制引导
	桂林市建设与规划委员会	桂林市城市风貌设计导则	针对桂林市具体的城市风貌特征从建筑、市政公用基础设施、园林、照明、色彩、城市标识等方面提出相关设计导则
	重庆市规划局	重庆市城市风貌特色规划设计暂行规定	针对重庆市具体的城市风貌特征对区域内街道、建筑、环境设施等风貌要素提出了相关的设计导则

① 区柳春，王磊，许险峰．城市景观风貌规划控制框架的探索——以柳州市为例［C］//中国城市规划学会．和谐城市规划——2007 年中国城市规划年会论文集，哈尔滨：黑龙江科学技术出版社，2007：479-484

国内景观风貌研究还包括黄冈城市特色风貌规划、乐山市城市风貌规划、台州市黄岩区城市风貌与色彩规划、漳州城市建设整体风貌特色规划、张家界市城市风貌规划等。随着研究领域的拓展，我国的风貌规划实践逐渐开始借助多学科知识和多种分析评价方法开展风貌规划研究。

1.2.3 研究综合评价

国外有关城市风貌的研究和实践工作由来已久，而国内的研究和实践工作起步较晚。随着各学科和领域对城市风貌的重视，相关专家学者开展了有关城市风貌和城市特色的研究，许多城市也开展了有关城市风貌规划、城市环境整治和形象策划的实践活动，少数城市和地区制定了地方性的风貌管理实施条例。我国的城市风貌研究和实践工作取得了一系列成果，同时也存在一定的问题。以往的城市风貌研究较多地沿用城市设计和景观设计的理论和方法对城市物质空间进行规划引导，而对城市非物质文化缺乏必要的挖掘和保护。这种方法虽然使得城市的街道变得整洁、空间变得开敞，但城市的传统文化和精神内涵却无从寻找，往往使得城市丧失了原本的归属感。同时随着城乡统筹战略的提出和城乡间联系的日益密切，原本只关注城市风貌研究的方法由于缺乏系统性和宏观意识而无法实现城乡间风貌特色的协调发展。

1.3 研究目的与内容

1.3.1 研究目的

本研究的目的在于从保护良好的自然山水格局、优化城乡空间结构、延续地域文化脉络、培育城乡产业特色出发，运用系统学原理，结合景观生态学、经济地理学和文化地理学等理论方法，研究城乡风貌特色保护和培育，探索城乡统筹进程中的城乡风貌规划实施和管理的理论和方法。

1.3.2 研究内容

本书运用系统学原理和景观生态学、经济地理学、文化地理学的理论方法对城乡风貌特色的构成要素进行研究，提出城乡风貌特色保护、修复和构建的方法，并建立相应的城乡风貌管理体系。本书分四部分展开：

（1）第一部分为绪论，指出研究的背景、选题依据，确定研究目的、内容、方法和框架。

（2）第二部分为理论篇，在本书的第 2 章进行阐述。

第 2 章首先说明城乡风貌在城乡规划中的地位，以及城乡统筹进程中城乡风貌的发展趋势，并从城乡自然生态系统、社会网络建设、空间结构构成、经济产业发展、交通网络结构、文化体系建设等方面分析城乡风貌现存的问题。然后从系统论、自然观、生态观、地域观、经济观、社会观、文化观七个角度阐述城乡风貌规划的相关理论基础。

（3）第三部分为方法篇，在本书的第 3、4 章进行阐述。

在第 3 章中，首先从宏观到微观阐述了城乡风貌空间结构和城乡风貌特色要素。并进一步提出运用比较的方法，通过横向和纵向比较城乡风貌系统各要素的方法，来进行城乡风貌定位理论及风貌特色的定位、保护、表述、创新。在此基础上，提出城乡风貌规划的方法体系，确立以实现城乡一体化的城乡风貌为目的的系统观，以实现景致宜人的城乡风貌为目的的自然观，以实现可持续的城乡风貌为目的的生态观，以实现底蕴深厚的城乡风貌为目的的地域观，以实现公平效率的城乡风貌为目的的经济观，以实现繁荣和谐的城乡风貌为目的的社会观，以实现历史与时代交融的城乡风貌为目的的文化观。

第 4 章在生态观、自然观、地域观和发展观的指导下，运用系统论的方法，从宏观到中观，提出了城乡风貌区及城乡风貌片区的划分方法，在此基础上从文化、生态、空间形态、产业经济的角度系统阐释了城乡风貌系统的构建对策。

（4）第四部分为城乡风貌研究在规划实践中的应用，以北京市昌平区城乡特色风貌规划为例，详细阐述城乡风貌的定位和各系统的风貌控制方法，并提出城乡风貌规划的相关实施管理对策。

1.4 概念使用及界定

1.4.1 城乡统筹

1.4.1.1 城乡统筹的含义

城乡统筹发展作为科学发展观中的重要内容，其所包括的内容有：证明城市与乡村本是社会经济发展的统一体；应采用“城”和“乡”统一筹划的方法；实现“城”和“乡”的可持续发展目的；形成“城”和“乡”双赢发展的格局；打破“城乡二元经济”所带来的严重影响；通过体制改革和政策调整等途径缩小和逐渐清除城乡之间的差距。

1.4.1.2 城乡统筹发展的要求

由于二元经济结构，导致城乡发展差距逐渐拉大，在统筹城乡发展中，应着力从统筹城乡经济发展和统筹城乡社会发展入手，逐渐实现城乡的共同发展。

统筹城乡经济发展主要是实现城乡通开、城乡协作、城乡协调、城乡融合四大发展要求。城乡通开不仅是统筹城乡经济社会发展前提，也是统筹城乡经济社会发展的基本要求；通过城乡通开，努力打破城乡之间的界限，使城乡成为一个整体，相互依托，相互促进，向城乡一体化的方向迈进。城乡协作，是城乡互动开发，在城乡空间、人口、经济、社会发展等方面互相协作，实现共同的发展目标。城乡协调是城乡各自发挥优势、取长补短、合理分工，最终协调好城乡的产业关系、城乡的资源流动和配置关系、城乡的教育、文化和卫生事业的发展关系、城乡的生态环境关系。城乡融合是城乡发展的最佳状态，在实现了城乡通开、城乡协作、城乡协调后，进一步使城乡形成密切、协调、相互渗透的关系，达到城乡一体化的新型格局。[1]

统筹城乡经济发展应重点完善城乡管理制度，完备乡村基础设施。完善城乡管理制度，就是要切实保护农民的利益，使城乡一体的劳动力就业制度、户籍管理制度、教育制度、土地征用制度、社会保障制度逐步建立起来。使农村居民享受平等的发展机会、合理的收入分配制度，从而促进城乡要素间的自由流动，优化城乡资源配置。完备乡村基础设施，不仅是完善乡村道路等硬件的基础设施，还要努力改善乡村教育、文化和医疗卫生等基础设施，使乡村人民能享受到与城市人民一样的居住、生活环境。

---

[1] Ye Qi，Mark Henderson，Ming Xu，et al. Evolving core-periphery interactions in a rapidly expanding urban landscape [J]. The Case of Beijing Landscape Ecology，2004（19）：375-388.

1.4.2 风貌

《辞海》中解释“风貌”为“风采容貌，亦指事物的面貌和格调”，“风采”为“风度，神采；表情和颜色”。

1.4.3 城乡风貌

1.4.3.1 城乡风貌的基本概念

“城乡风貌”现在还没有准确的定义，我们将通过对“城市风貌”和“乡村风貌”等有关概念的研究来探讨“城乡风貌”的概念（表 1-3）。

城乡风貌相关概念归纳 **表 1-3**

相关概念提出者及文献	相关概念解释
重庆建筑大学建筑城规学院“重庆市城市总体规划”	城市风貌与景观指人们对城市所进行的一系列审美活动中，在审美主客体之间的意向性结构中所产生的审美意向①
杨华文，蔡晓丰《城市风貌的系统构成与规划内容》	城市风貌是通过自然景观和人造景观体现出来的城市文化和城市生活的环境特征②
张继刚《二十一世纪中国城市风貌探》	城市风貌，简单地讲就是城市抽象的、形而上的风格和具象的、形而下的面貌③
池泽宪（著）郝慎钧（译）《城市风貌设计》	城市风貌是一个城市的形象。反映出一个城市特有景观和面貌、风采和神态，表现了城市的气质和性格，体现出市民的文明、礼貌和昂扬的进取精神，同时还显示出城市的经济实力、商业的繁荣、文化和科技事业的发达。总之，城市风貌是一个城市最有力、最精彩的高度概括④
2006 年《重庆市村镇风貌设计导则》	村镇风貌是民俗民风、文化传统与地形地貌、地理特征的融合，是依托村镇物质形态而反映出来的精神气质，是自然和人文景观的统一性和独特性的结合，是地域文化在人居环境上的展现⑤
刘玉成《试论成都城市公共环境风貌特色》	城市公共环境风貌特色就是通过人造城市公共环境，科学地塑造城市形象，使人类共享的城市自然、人造环境所体现出的民族和地域特色、历史文化及现代文明的城市风貌特征⑥
邓鹏《张家界城市山水景观风貌规划与设计策略研究》	城市景观风貌指城市物质空间形态的外在形象及所代表的内在含义，它既表现为具象的形，也表现为抽象的意，是区别两个城市形态特征的基础⑦
钟宜根，葛幼松，张旭《城镇景观风貌规划模式探讨》	城镇景观风貌中的“风”是历史沿袭所形成的社会习俗、风土人情等文化方面的表现，具有很强的文化内涵指代性；“貌”是城镇中的有形形体和无形空间，是“风”的载体⑧
郭佳，唐恒鲁，闫勤玲《村庄聚落景观风貌控制思路与方法初探》	村庄景观风貌是村庄的自然景观和人文景观及其所承载的村庄历史文化和社会生活内涵的总和，其中自然景观风貌是人对自然景观要素所呈现的状态的整体感知；人文景观风貌是人对人为景观要素所呈现的状态的整体感知⑨

① 重庆市城市总体规划．重庆建筑大学建筑城规学院，1996.
② 杨华文，蔡晓丰．城市风貌的系统构成与规划内容［J］．城市规划学刊，2006（2）：59-62.
③ 张继刚．二十一世纪中国城市风貌探［J］．华中建筑，2000（02）：81-85.
④（日）池泽宪．城市风貌设计［M］．郝慎钧，译，羌苑，校．北京：中国建筑工业出版社，1989：76.
⑤ 重庆市村镇风貌设计导则．2006.
⑥ 刘玉成．试论成都城市公共环境风貌特色［J］．四川建筑，2002（1）：2-4.
⑦ 邓鹏．张家界城市山水景观规划与设计策略研究［D］．长沙：湖南大学，2009.
⑧ 钟银根，葛幼松，张旭．城镇景观风貌规划模式探讨［J］．小城镇建设，2009（6）：87-92.
⑨ 郭佳，唐恒鲁，闫勤玲．村庄聚落景观风貌控制思路与方法初探［J］．小城镇建设，2009（11）：85-91.

综上所述，城乡风貌是城乡总体形象的重要组成部分，展现了特定区域的气质、底蕴和格局特点，反映了特定区域历史、文化和社会发展程度。“风”往往蕴含于可见的物质形态之中，具有隐性的特征，而“貌”主要是一种显性的存在方式。城乡系统中的显性要素和隐性要素综合作用，塑造出一定地域的城乡风貌形象。

显性风貌构成要素可以理解为物质层面的构成要素，是城乡风貌存在的外部表现形式，是人们感知城乡风貌特色的直接途径。按照风貌构成要素的物质属性可以将显性风貌构成要素分为自然风貌要素和人工风貌要素。其中自然风貌要素还可以按照人类影响程度分为原始自然风貌要素和人工自然风貌要素。

隐性风貌构成要素可以理解为精神文化层面的构成要素，是城乡显性风貌要素形成的深刻背景要素，主要包括民俗文化传统、风俗习惯、宗教文化、民族文化等内在的气质。这些隐性风貌构成要素是在长期的发展和积淀过程中形成的民族的和地域的个性，是确定地域文化基调、塑造场所精神的依据。它们往往具有不可见性，需依托一定的物质要素或人们特定的行为活动才能被人们所感知。

1.4.3.2 城乡风貌的基本特征

（1）复合性特征　　由人工景观和自然景观共同构成的城乡景观风貌呈现给人们的是连续的景象，各种景观要素交织并存，随着空间的转移可以观察到不同的景观要素。正是由于自然要素与人文要素同在，历史要素与现代要素并存，城乡风貌的复合性特征可得以体现。

（2）地方性特征　　城乡独特的地理环境、文化底蕴、历史背景和风俗习惯是影响城乡风貌的重要因素，这些使城乡风貌具有它的特色。城乡的历史和文化为城乡风貌奠定了基调，城乡自身的诸多景观风貌因素是城乡风貌延续和继承的物质基础和有力保证。

1.4.4 城乡风貌规划

1.4.4.1 城乡风貌规划的基本概念

城市及其周围乡村总是处于多元冲突和特定的地理文化圈中，因而有着不同的地域文明，形成多样化的城乡风貌。

城乡风貌规划是一个综合性的系统规划，它涉及地理、历史、社会、经济、生态等多学科的内容，它将区域内的城市和乡村整体空间环境作为研究背景，通过研究区域内自然生态格局、人文景观脉络、空间形态分布、经济产业发展等系统要素，发掘区域历史文脉，合理组织城乡风貌要素，最终达到提升城市乡村空间环境品质和生活质量的目的。城乡风貌规划与现有的各项规划相互渗透、密切联系，是对城乡法定规划的补充和深化。

1.4.4.2 城乡风貌规划的特征

现阶段我国开展的城市风貌规划有些隶属于城市总体规划，作为总体规划的专项规划，有些作为单独的规划。城乡风貌规划虽然在研究内容上比城市风貌规划丰富，但规划的性质和特征具有很大的相似性，例如规划成果的非法定性、规划方法的综合性、规划内容的层次性等。

（1）规划成果的非法定性　　在我国现有的规划体系内并没有关于城乡风貌规划或城

市风貌规划的具体法规，只有少数城市或地区制定了风貌控制导则或规划设计条例。各地开展的风貌规划实践仅仅是根据区域自身特点制定相应的控制要求，规划内容和深度存在很大差异。

（2）规划方法的综合性　由于城乡风貌涉及城乡地域内的方方面面，规划内容涉及多学科和多领域。风貌规划的方法正逐步从最初的城市设计和美学领域，扩展到景观生态学、文化地理学等多种方法。❶

（3）规划内容的层次性　由于城乡风貌是一个复杂的巨系统，系统内部的要素具有层次性，不同层次关注的风貌问题具有很大差异，因此城乡风貌规划往往从宏观、中观和微观三个角度进行引导和控制。

1.4.4.3　城乡风貌规划与城市风貌规划的区别

以往的风貌研究多数把城市和乡村孤立开来，分别研究城市的风貌特色和乡村景观的建构，没有很好地将二者作为一个统一的整体进行研究，而城乡风貌规划则更多地以城市—乡村所形成的整体空间环境为背景进行研究。城乡风貌规划是对城市风貌规划的延伸与扩充，城市风貌规划是城乡风貌规划的重要组成部分。二者在空间范畴、构成要素、研究方法上存在一定的区别（表 1-4）。

城乡风貌规划同城市风貌规划相关研究对比表　　表 1-4

分类＼内容	空间范畴	研究内容	研究方法
城乡风貌规划	城市及其周围在功能、特质等方面与其紧密联系的若干村镇	自然生态格局、区域交通结构、经济产业布局、社会文化组织等宏观和中观层面的系统要素	注重城市和乡村之间物质和非物质要素的系统研究，采用定性、定量分析的方法
城市风貌规划	城市规划区范围以内被赋予一定功能的各类用地	建筑物、街道、空间形态、视觉系统、城市文化等中观微观层面的系统要素	侧重于物质空间的规划研究，多采用定性的研究方法

1.4.5　城乡风貌研究范围界定

在对城乡风貌系统进行研究时，首先要对城乡风貌系统的研究范围进行界定，使城乡风貌研究更具有针对性。为使本书的研究内容具有更强的可操作性和普适性，本书综合考虑行政边界、地形地貌、经济产业和道路交通等因素，从城市和乡村地域联系的紧密程度来合理地确定城乡风貌的研究范围。下文将对各类影响因素的影响机制进行分析，并以此作为确定城乡风貌边界的依据。

（1）行政边界因素　在我国现行的管理机制中，行政区划作为组织地区经济社会发展和编制相关规划的主要依据，成为影响城乡风貌规划编制的主要依据。为使城乡风貌规划具有较强的针对性和可操作性，便于和其他各类规划进行衔接，行政边界因素成为确定城乡风貌研究范围的重要影响因素。

---

❶ Hersperger A M. Landscape ecology and its potential application to planning [J]. Journal of Planning Literature，1994 (9)：15-29.

（2）地形地貌因素　　地形地貌在很大程度上决定着地表覆盖物的类型和建筑的布局形式，这在山地地区表现得更为突出。山川、河流等地形地貌因素往往成为决定区域气候、划分行政管辖边界和影响生产生活活动的重要自然因素，自然而然成为构成城乡风貌的重要因素和影响城乡风貌边界的重要因素。

（3）经济产业因素　　在当今社会中城乡之间的联系主要表现在经济产业方面。城市为乡村经济活动和社会生活提供技术支持和指导，乡村为城市提供大量的生产原料、劳动力和生活必需品。城乡之间通过技术、信息和物质之间的交流建立长期稳定的联系。城乡间的经济产业活动也成为影响城乡风貌的重要因素，城乡间的经济密切程度成为确定城乡风貌研究范围的又一重要因素。

（4）道路交通因素　　随着地区内部和地区间经济联系的不断紧密，城乡间进行着更为密切的物质和能量交流，这些交流主要依托区域间的交通系统进行联系。在当前的交通系统中，道路交通成为城乡物资运输和人员交往的主要方式，城乡间的道路成为构建城乡结构和联系城乡地域的主要方式，因此也成为划定城乡风貌研究边界的重要考虑因素。

1.5　研究方法及本书框架

1.5.1　研究方法

（1）归纳演绎的研究方法　　广泛阅读与城乡风貌特色规划和城乡统筹规划相关的著作、期刊、论文等，分析国内外在城乡风貌规划方面所进行的理论研究与实践活动。通过对相关理论和实践的归纳演绎，了解关于城乡统筹的要求、城乡风貌特色系统的构成、风貌特色资源的分类、评价标准以及控制引导手段，为城乡统筹中城乡风貌规划框架的构建奠定基础。

（2）系统调查和分析的研究方法　　由于城乡风貌是一个复杂的巨系统，它较之于城市风貌特色规划和大地景观规划拥有更丰富的内容，因此研究城乡风貌规划必须运用系统的研究方法，即把城乡风貌特色的塑造放在以“城市—乡村”整体空间环境为背景的宏观范围内考虑，将城乡风貌与城乡统筹规划的各项要求和规划内容有机地联系起来，把城乡风貌与区域历史演变、经济产业结构、地域文化等联系起来，全面系统地进行城乡风貌规划。

（3）比较的方法　　“比较是认识对象间的相同点或相异点的逻辑方法。它可以在异类对象之间进行，也可以在同类的对象之间进行，还可以在同一对象的不同方面、不同部分之间进行。”[1] 本书将比较的方法运用于城乡风貌规划，通过横向比较和纵向比较来研究不同地域城乡风貌的同一构成要素在特定时期所呈现的异同，以及一定地域内城乡风貌的特定构成要素在不同历史时期所呈现的异同，以此作为提取城乡风貌特色要素和制定城乡风貌规划的依据。

---

[1] http://baike.baidu.com/view/185905.htm[OL].

（4）其他研究方法　由于城乡风貌规划内容涉及多个学科，因此，本书采用多学科交叉研究法，从历史学、人文地理学、景观生态学、经济地理学、城市规划学等多学科角度出发，探索城乡统筹进程中城乡风貌规划的策略和方法。

1.5.2 研究框架

本书是在系统研究城乡风貌构成要素和风貌系统构建策略及评价方法的基础上，以笔者主持的昌平区城乡特色风貌为实例分析来开展写作的。本书的研究框架如图 1-5 所示。

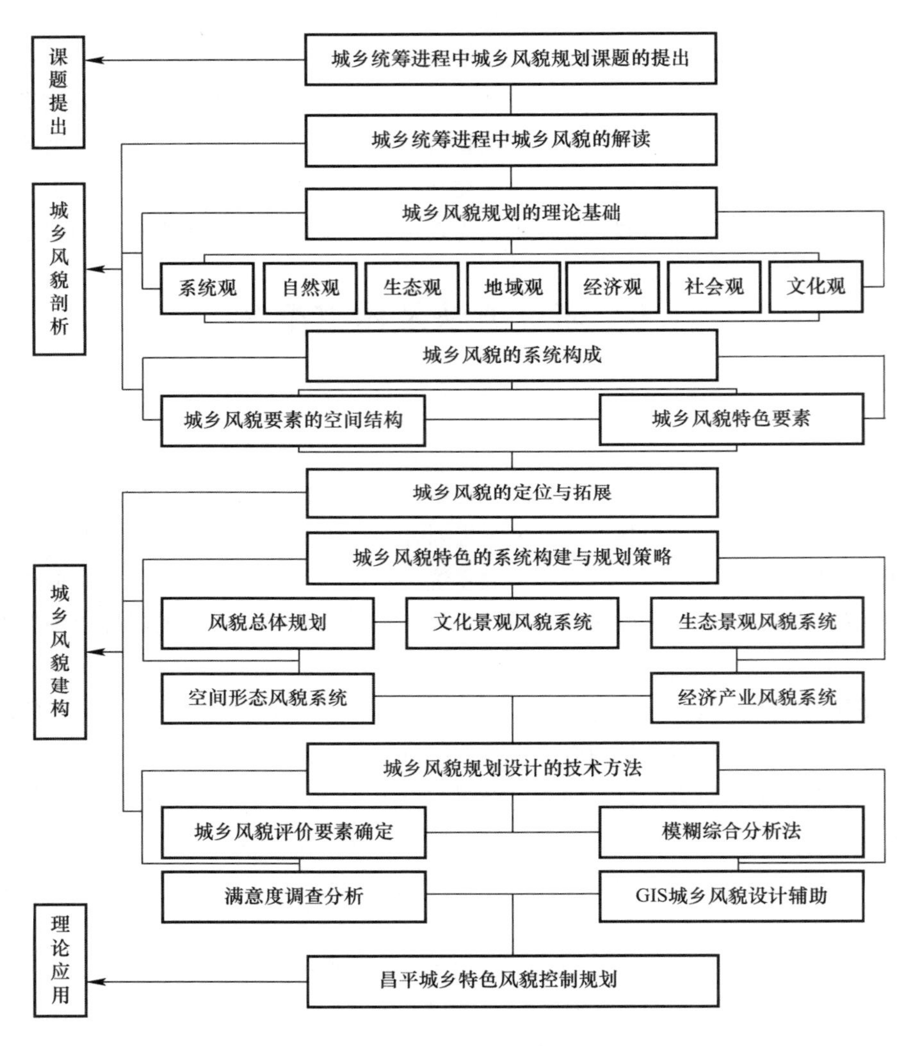

图 1-5　本书研究框架

第2章

城乡风貌规划发展现状及相关理论

伴随着城乡统筹战略思想的提出，原有的城市规划方法不再适应区域发展和规划建设的要求，以城乡统筹为指导的城乡规划体系应运而生。城乡规划的思想和方法拓展了城乡风貌规划的领域，丰富了城乡风貌规划的内容，为城乡风貌规划指明了方向，有助于我们更好地理解城乡风貌的系统构成，发现城乡风貌规划现状存在的问题。

2.1 城乡统筹背景下城乡风貌的发展趋势

城乡统筹涉及多行业、多部门、多领域，对城乡社会文化、经济、生态等多方面提出了新的要求，这些都将对城乡风貌发展趋势产生较大的影响。

在过去，乡村风貌景观让人想到高低起伏的山脉、一望无际的田园和炊烟袅袅的村落等，城市让人联想起高楼大厦、车水马龙、灯火辉煌等。通过这些景象可以清晰地了解到过去城市风貌与乡村风貌的巨大差异。而如今，这一局面正随着城乡统筹和城乡融合进程的发展而逐渐改变。

2.1.1 城乡风貌规划对城乡规划的影响

城乡风貌规划是城乡特有的自然环境和人工环境的有机结合，以城乡平面布局为基础的空间艺术布局的综合规划，是对城乡总体规划的补充和深化，为编制城市控制性详细规划和修建性详细规划提供依据。城乡风貌规划作为城乡规划的重要组成部分，在城乡规划的方式转变和内容拓展等方面都发挥着不可忽视的积极作用。

2.1.1.1 城乡风貌规划有利于推动城乡规划方式的转变

在长期的城乡规划实践中，我国已经形成了一套较为完整的城乡规划体系，而这种体系往往是由政府主导的，会存在一些限制。因此，城市风貌规划对城乡规划的完善效应就显得愈发重要，主要体现在对公共决策过程的推进和对编制制度的完善两个方面。

(1) 对公共决策过程的推进　随着我国经济、社会的不断发展，传统的、封闭性的公共决策过程也趋于开放。建筑、经济、文化、环境等多学科的专业知识都包含在城乡规划的范畴之内，公共决策的作用显得愈发重要。公共决策主要体现在公众参与城乡规划的过程，在我国，公共参与制度处于一个较低的水平，公众参与实践表现为一种“地方→中央”的趋势。但在城市的实施过程中往往流于形式；相比之下，在农村地区，村民参与乡村建设则可较好地进行。

城乡风貌规划，作为一个统筹未来、整合资源的规划过程，涉及城乡建设的方方面面，涵盖城乡规划的林林总总。涉及范围广泛、影响时间深远，这也决定了城乡风貌规划建设中公众参与的重要性。要让公民真正参与到规划的全过程中，规划方案初拟阶段、规划方案选择阶段都应植入公民参与的环节。

推而广之，在城乡规划中，也应有所借鉴，实现持续的、高度的、广泛的公民参与。

(2) 对城乡规划编制制度的完善　当前城乡规划的编制始终是以政府和专家为主导，编制的开放度严重不足。此外，由于规划编制体系自身的变革，导致了现今城乡规划建设的制度中存在一个重要的问题——制度覆盖面狭窄。

在城乡规划的编制过程中，城乡风貌的研究只是一个很小的组成部分，不能对城乡风貌中的诸多因素进行深入、彻底的研究。如果对城乡风貌进行专项的城乡风貌规划，不仅能对风貌中设计的人文、生态、环境等诸多要素进行深入的分析，同时也是对城乡规划的补充，并能解决编制制度覆盖面狭窄的问题。

2.1.1.2　城乡风貌规划有利于城乡规划内容的拓展

从以往的规划建设实践来看，无论是总体规划、控制性详细规划，还是修建性详细规划都缺乏对城乡风貌特色的关注。城乡特有的自然景观特质、历史文化资源和人文风貌要素没有在规划中得到保护和弘扬。虽然城市规模越来越大，规划理念越来越新，但地域感和归属感正在逐步消失。城乡风貌规划注重对自然山水格局的保护、历史文化和场所精神的培育，并通过各种控制导则“形成别具特色的节点空间系统、方向指认系统、色彩系统、视觉走廊与眺望系统等”❶。

（1）城乡生态系统的完善　　城乡风貌规划不仅对城乡生态系统起到完善的作用，同时也对自然景观起到良好的保护作用。以往的城乡之间大多以经济发展为联系，但现在两者主要是生态上的相互支撑和保护。

在进行用地规划和城市设计时对城乡生态环境考虑不足，导致城乡生态环境恶化，生态系统遭到严重破坏。城乡生态系统规划对城乡土地利用和生态基础设施建设具有指导意义，并可帮助评价预测规划和设计可能对生态环境带来的影响。同时，城乡风貌规划也强调良好的自然生态景观风貌，要求城乡规划必须加强对城市、乡村及其与自然环境关系的研究，在城乡规划中注重对自然生态系统的保护和培育。

（2）城乡特色的构建　　城乡统筹和城乡一体化是城市化发展到高级阶段的空间组织形式。此时，强调的不再是乡村的城镇化或郊区的城市化，而是把城市和乡村作为一个整体统筹考虑，抓住城乡特色，构建城乡风貌。历史文化资源和人文风貌要素作为城乡特色以及本土气息的重要组成部分，构成了城乡风貌的灵魂，体现了城乡的文化底蕴和人文精神。人文环境和自然环境长期作用而形成的地方特色是城乡风貌的重要构成元素，可以说没有地方特色的城乡风貌是苍白而没有生机的。城乡风貌对城市内部和外部形态的综合演绎，凸显了城乡的文化内涵和人文精神，这必将对城市特色的建构起到积极的指引作用。

（3）城乡风貌规划和城乡法定规划的结合　　由于城乡风貌规划涉及自然山水要素的整合、开放空间布局、建筑风貌控制、街道景观引导等多方面内容，而这些内容往往需借助各项法定规划才能实施，在进行城乡规划时需充分考虑城乡风貌特色规划的内容和要求。只有将城乡风貌规划和各类城乡法定规划结合起来，才能最终塑造个性鲜明的城乡形象。❷

综上所述，城乡风貌规划为城乡规划提出了新要求和研究问题的新视角，城乡风貌规划有助于提高城乡规划的文化价值、生态价值和社会价值，城乡规划是城乡风貌规划的有

---

❶　顾鸣东，葛幼松，焦泽阳．城市风貌规划的理念与方法——兼议台州市路桥区城市风貌规划 [J]．城市问题，2008（3）：17-21.

❷　Golley F B，Bellot J．Interactions of landscape ecology planning and design [J]．Landscape and Urban Planning，1991（21）：3-11.

力保障，合理的城乡规划有助于形成良好的城乡风貌环境。

2.1.2 城市风貌向乡村的传播

随着城市化进程的不断推进，越来越多的地区由乡村变为城镇，又由城镇变为城市。与此同时，城市文明的产物开始向乡村传播，尤其在近年的房地产大规模开发建设的影响下，乡村开始出现热闹的商业街、高大的建筑物（图2-1）、宽敞的柏油路（图2-2）等，这些变化潜移默化地影响着乡村原有的风貌。[1]

图2-1 甘肃省榆中县城关镇兴隆山村的多层、高层建筑

图2-2 北京延庆晏家堡宽阔的公路

同时，在城市风貌的影响下，乡村本身的风貌也发生着变化（表2-1）。例如，日本推进统筹城乡发展（图2-3），韩国的“新村运动”（图2-4），德国巴伐利亚州在农村创造与城市“等值”生活条件等活动都是城市风貌作用下乡村风貌变化的典范。

[1] Erle Christopher Ellis，Nagaraj Neerchal，Kui Peng，et al. Estimating Long-Term Changes in China's Village Landscapes [J]. Ecosystems，2009 (12)：279-297.

日本、韩国、德国巴伐利亚州农村风貌回归运动经验借鉴　　表 2-1

日　本	韩　国	德国巴伐利亚州
1. 法律保障：日本非常重视农业立法，把各项促进农业农村发展的政策，通过法律形式确定下来，并因时而变不断修订，贯之于组织实施； 2. 资金保障：日本政府对农业的强力扶持，是日本农业快速发展的重要引擎； 3. 组织保障：日本农协非常发达，农民的组织化程度非常高； 4. 人才保障：日本农村基础教育和职业教育发达，政府对农村基层干部的培养十分重视，农民整体素质较高	1. 改变农村条件应从基本的生产生活条件做起，让农民感受得到切实的进步； 2. 如果对农村的落后状况长期不改变，就会造成农村衰落，城市人口则过度膨胀； 3. 韩国在大量人口拥入大城市后开始实施新村运动，不存在阻碍城市化的担忧	1. 依托其相当发达的现代工业； 2. 素质极高的人力资源，产业与人才的积累使其有条件走相对分散化的道路； 3. 农产品深加工可以创造巨大的财富，成为农民收入的主要来源，成为区域经济的重要支柱； 4. 秀丽的自然风光是宝贵的区域财富，城市化充分利用了这种优势

（*a*）日本农村风貌1

（*b*）日本农村风貌2

图 2-3　日本农村风貌

（*a*）韩国江华岛乡村风貌1

（*b*）韩国江华岛乡村风貌2

图 2-4　韩国江华岛乡村风貌

2.1.3　乡村风貌元素在城市中的植入

随着城市的不断扩张和城市化进程的深入，城市面临的人口、环境、资源等问题正日益凸显，城市原有的风貌特色无法满足现代人们的生活、生产、审美的需求。如今，从满足人们基本生活的居住空间到承担国际赛事活动的公共场所，“生态”、“绿色”、“自然”这些曾经属于乡村的辞藻无一例外地成为当今城市建设的形容词。人们开始有意地制造自然的景观环境，打造生态环保的生活方式，移植原始古朴的文化元素，城市中出现许多生态社区、都市农业、绿色建筑、原生态景观等，乡村风貌在一定程度上正渐渐地向城市回归。

2.1.3.1 “生态社区”元素的植入

生态社区也叫做可持续社区、绿色社区，以“经济—社会—自然”的综合生态系统为基础，强调人群聚落和自然环境的生态关系整合，有机融合了居民家庭、建筑、基础设施、自然生态环境和社区社会服务。生态社区不仅是对自然环境的充分重视，同时也是自然生态要素在城市中的植入与优化。对于我国非生态社区存量大、设施起点低的现状而言，生态社区的建设必将对城乡风貌的建设带来巨大的、积极的推动作用。

2.1.3.2 “都市农业”元素的植入

都市农业是位于都市中心及边缘地区的以大城市为依托，以先进设备和现代科学技术为手段，以满足城市社会、经济、生活等多方面的要求，以集合生活、生产、生态、科学为目标，为城市生活、都市经济等提供优质的休闲服务和新鲜农产品的新型农业（图2-5、图2-6）。农业本是乡村特有的元素，在城乡发展过程中，植入了城市，并且在城乡景观构建方面发挥了巨大的作用。

图2-5 沈阳建筑大学校园丰产的都市农业景观

图2-6 都市农业园景观

2.1.3.3 “绿色建筑”元素的植入

绿色建筑并不是指单纯采用立体绿化、屋顶花园的建筑，而是代表一种新型的建筑理念。绿色建筑要对环境无害，要充分利用自然资源，要保持生态平衡。因此说绿色建筑是可持续发展的建筑、回归大自然的建筑、生态和节能环保的建筑。建筑外部要做到与周边环境和谐一致、动静互补，对自然生态环境起到保护作用。无论是建筑理念还是建筑形式，绿色建筑都力求美化城乡风貌，力求对“生态”、“绿色”等生态观进行诠释（图2-7、图2-8）。

综上所述，在城乡一体化大踏步的进程中，乡村中的优质风貌元素不断在城市中呈现，对构建城乡统一、协调的风貌起到积极的助推作用。

图 2-7　山东交通大学图书馆

图 2-8　北京节能环保中心办公楼

2.1.4　城乡结合部的风貌特征分析

城乡结合部是在城市化和城镇化的进程中应运而生的，它受到城市向乡村扩展与乡村向小城镇发展的双向作用，也呈现出独特的景观风貌。城乡结合部往往是城市的生态屏障，其绿化形式多样，植被种类丰富，且兼具城市和乡村的绿化特点；城乡结合部也是经济产业发展的活跃地带，其中的产业园区、销售市场、交通枢纽等为该地区的风貌提供特有的物质载体；另外，城乡结合部具有土地权属和性质较为灵活多变的特点，其呈现的整体风貌特色也会随之变化。

北京昌平呈现出的风貌特征与上文提到的两种情况均不相同。昌平作为城市重要的生态屏障，拥有丰富的历史文化遗产和自然旅游资源，以生态维护、水源保护、适度旅游和生态农业开发为主，严格控制浅山区开发建设，加强绿化建设和生态恢复。以其区位优势，形成了较为发达的交通网络（图 2-9）；以其教育资源优势，建成了昌平大学城（图 2-10）；以其产业集聚优势，形成了中关村科技园区昌平园等一系列高科技园区（图 2-11）；以其农业技术优势，组建了昌平特色农业园区（图 2-12）。作为城乡结合部，昌平不仅拥有城市化所带来的现代化的城市元素——高楼、大广场、宽马路等，同时也保留有乡村特有的风貌——水果种植区、花卉种植区、菌类种植区等。城市风貌、乡村风貌在区域内共存，形成独特的风貌体系。

图 2-9　北京昌平南环大桥

图 2-10　北京昌平华北电力大学

资料来源：http://www.ncepu.edu.cn/

图 2-11　中关村科技园区昌平园一角

图 2-12　北京昌平国家农业科技园

所以说，在城乡统筹的进程中，城乡结合部将成为城乡规划的重要区域，其生态屏障作用将更加凸显，其经济产业发展将更加有序，其土地使用也将更加规范，因而，在城乡统筹进程中，城乡结合部的风貌将呈现出更加合理、科学的景象。

2.2　城乡统筹背景下城乡风貌建设的现状及存在的问题

城乡统筹发展涉及城乡社会、经济、文化、生态等方方面面。随着社会经济的发展与城乡之间的经济联系的紧密，城乡间交通联系的便捷，城市的生活方式和消费文化不断向乡村地区传播。与此同时，城市和乡村建设用地不断扩大，城乡生态网络变得支离破碎。城乡间存在各自为政、重复建设的现象，不仅浪费了大量的资源，而且不利于整体效率的提高。城乡统筹的发展观为传统的城市风貌规划注入了更多的研究内容，同时也拓宽了研究范围，即从城市风貌规划拓展为城乡风貌规划，在风貌规划范畴、设计理念以及内容与方法上都提出了更高、更新的要求，也对新时期城乡规划理论发展起到了巨大的推动作用，因此正确分析现阶段城乡风貌发展和现状存在的问题对我们的研究工作具有重要意义。

2.2.1　城乡自然生态系统方面

城乡范围内各类生产建设活动是在自然生态环境中展开的，随着城乡建设用地的不断扩张，原有的城乡生态格局正在遭到破坏，城乡间生态联系逐渐减弱，城市和乡村生物多样性遭到不同程度的破坏，城乡整体的自然生态风貌没有建立。城乡统筹的规划思想要求改变孤立的在城市内部进行景观绿化建设及在乡村进行农田作物规划的思想，而应建立城乡间广泛联系的区域生态安全格局，依托城乡原有的自然山水要素组织城乡各类建设用地布局，将城市自然生态要素同广大乡村地区的农田植被和自然山水联系起来，形成城乡自然生态网络，体现城乡自然风貌。但现状城乡生态建设中仍存在下列问题：

（1）由于自然景观消失而引起的原生态稳定性降低　　由于社会、经济发展，对生态环境的改造力度加大，导致了自然环境中包括空气、水、生物等因素遭到破坏，甚至消失，对生态系统原生态的稳定性造成冲击（图 2-13）。

（2）由于景观生态肌理破碎而引起的景观风貌连续性下降　由于过度放牧开垦、植被结构简单、片面追求经济增长等原因。导致同一地区难以出现多种景观生态要素并存的景象，景观生态肌理破碎严重，生态结构和功能连续性下降。例如在我国部分地区水体污染严重，沙荒地比例较高，大部分林区有待绿化，与此同时，大量的城镇建设用地又不断地占有生态空间，不利于生态效应的发挥，破坏了区域的整体景观形象❶（如图 2-14）。

图 2-13　生态性遭到破坏的森林景观

图 2-14　连续性遭到破坏的乡村景观

（3）由于村镇建设过度形象化而引起的本土文化风貌特色缺失　“过度形象化”的现象无论在城市还是在乡村的发展中都普遍存在，许多是政府的“形象工程”、“政绩工程”，都有“拿来主义”的影子，欧式风情、俄式建筑比比皆是。这样的做法丢弃了本土的文化和资源，导致本土文化风貌的亲切感和自然感逐渐消失。

（4）中心城市生态环境质量恶化，农业污染严重　无论在中心城市还是在农村，现今环境质量问题已不容忽视。中心城市由于人口急速增长，工业大规模扩张，带来了严重的生态环境问题，例如水污染、土壤污染、空气污染等。农村由于化肥、农药等的使用对生态环境造成严重的破坏。生态与发展、人与自然的矛盾不断升级。❷

2.2.2　城乡社会网络建设方面

由于以往的规划和财政投入过多倾向于城市地区，造成城市内部公共服务设施建设完备，而乡村地区严重缺乏基本公共服务设施，由于城市公共服务设施规划主要以城市户籍人口为依据来确定基本公共服务设施的规模，造成城市内部大量外来务工人员无法公平享用城市公共服务设施。城乡统筹要求实现城乡基本公共服务设施的共享，加大乡村地区基本公共服务设施建设，提高乡村地区公共服务水平，最终实现城乡基本公共服务均等化。

在基础设施建设方面，道路系统建设、排水系统建设、垃圾回收系统建设存在着严重的滞后现象。乡村道路系统不完善主要表现在，乡村内部存在较多的建筑占道现象，道路

---

❶ Meeus J H A，Wijermans M P，Vroom M J. Agricultural Landscapes in Europe and their transformation [J]. Landscape and Urban Planning，1990（18）：289-352.

❷ Xiao Duning ，Zhao Yi，Guo Linhai，Landscape Pattren Changes Inwest Suburbs of Shenyang [J]. Chinese Geographical Science，1994，4（3）：277-288.

路面质量差，以土路和砂石路居多，缺少路灯等环境设施（图 2-15）。排水设施建设落后主要体现在多数村庄缺少水处理措施，水质堪忧。污水大多为明沟排放，排水沟被垃圾堵塞（图 2-16）、冬季冰冻等现象时有发生。同时，绝大多数村庄中缺乏配套的垃圾收纳系统和处理措施，垃圾随意倾倒现象严重（图 2-17）。此外，村庄内部缺少医疗卫生、文化娱乐等公共设施以及公共绿地和休憩广场等，无法满足农村居民日益增长的物质和精神文化需求。

图 2-15　落后的乡村电力设施

图 2-16　陈旧的排水设施

（*a*）随处倾倒的垃圾1

（*b*）随处倾倒的垃圾2

图 2-17　随处倾倒的垃圾

2.2.3　城乡空间结构构成方面

城乡范围内的各类规划措施最终都要落实到具体的空间上，城乡统筹发展战略要求整合城乡各类要素，“形成多层次、多节点、网络状、连续式、疏密相间的、相互渗透的、点线面相结合”❶ 的城乡空间结构。在规划建设中应重新梳理城乡范围内各类用地，将决定

❶ 成受明，程新良. 城乡一体化规划的研究 [J]. 四川建筑，2005（25）：29-31.

城乡生态安全格局的自然山水要素和重要的历史文化遗产、风景名胜区、基本农田等划定为不可建设用地；同时按照土地集约化利用的发展要求，严格控制城乡居民点的空间分布和用地规模，使得规划建设与风貌特色的保护协调发展。城乡空间结构中仍存在下列问题：

（1）城乡空间的层次特征不突出　在城乡风貌建设中，不同空间层次的风貌特质没有被很好地体现出来。尤其在乡村空间，各个层次其特有的空间特色与生态特征并没有完全被表达出来。

（2）城乡空间的复合性特征不明显　目前，在构建多层次、多节点、网络状的城乡空间中，还缺乏各类用地相互渗透、交互影响及复合向前发展的格局。因此在城乡风貌规划中应充分意识到城乡空间是一个社会、经济、环境等条件综合作用的结果，也同样是人类社会、经济、自然等活动的空间表现。规划中必须充分理解城乡空间的复合型特征，充分利用城乡各类建设用地特征，全面地体现城乡风貌特色。

2.2.4 城乡经济产业发展方面

统筹城乡经济产业发展就是要实现城乡范围内能源、资金、技术在不同区域，不同行业间的有序流动。由于以往城市发展工业、农村发展农业的政策和思想的束缚，城乡产业发展存在巨大的差距。城乡经济产业的发展情况仍然存在下列问题：

（1）缺乏连续性和系统性的发展规划　在产业经济发展中往往不能全面、正确地认识到城乡经济的系统性，没有因地制宜地制定规划，以至于不能很好地培育出城乡经济的增长极。今后的城乡经济发展规划应充分意识到这是一个长期的、深远的、科学性的规划。

（2）缺乏联动机制的城乡产业选择过程　在城乡产业选择中，尤其是乡村产业的选择中，往往走“小而全”之路，从而导致了主导产业不突出，缺乏外部合作，缺少联动机制，各行业利益冲突和区间摩擦加剧。

（3）缺乏农民支持的乡村产业调整　乡村产业调整的过程中，大多从经济发展的角度出发而粗暴占用农业用地，未充分尊重农民的意愿，干涉农民种植。在产业结构的调整中，对农民的保障和补偿措施尚不完善。

（4）内涵不清的城镇化进程　把城镇化盲目地理解为扩大建设规模。劳民伤财的“形象工程”、“政绩工程”在一定程度上阻碍了城乡经济的发展。

（5）脱离实际的招商引资　城乡发展以GDP的增长作为衡量城乡发展水平的重要指标，但在招商引资的过程中，缺少因地制宜和可持续发展的思想，造成科技含量低、污染严重等问题频现，对城乡风貌的建设必将带来严重的负面影响。

（6）难以适应市场的滞后的体制改革　城乡中小企业缺乏融资能力，抵御经济风险的能力较差；部分城乡地区的市场运行体制仍不健全，都为城乡产业的进一步发展埋下了隐患。所以在乡村经济发展的过程中，存在诸多难以适应市场的滞后的体制改革问题亟待解决。

2.2.5　城乡交通网络结构方面

交通体系作为联系城市和乡村的主要途径，在城乡统筹发展中具有重大的作用，区域内主要道路同自然生态要素共同构成了城乡空间网络结构。在当今社会，不同地区间的联系程度不仅取决于空间距离，更取决于时间距离，建立城乡间便捷的、系统的交通联系成为实现城乡统筹发展的重要保障。在具体的规划实践中应从全局的角度出发，将城乡交通系统建设作为一个整体，统一规划，统筹考虑。同时，我国部分地区农村道路建设资金投入少，缺乏完善的乡村公共交通服务体系，与城市公交线路脱节，或农村缺少公交站点的设立等，使得城乡交通运输一体化没有真正实现（图 2-18）。

（*a*）乡村道路1

（*b*）乡村道路2

（*c*）乡村道路3

（*d*）乡村道路4

图 2-18　乡村道路现状

2.2.6　城乡文化体系建设方面

“文化是人类文明的产物，是客观存在的文化力量，深深烙铸在民族的生命力、创造力和凝聚力之中。”❶ 不同区域由于具有不同的生态环境和文化发展脉络，因此具有不同的文化特征。这些文化特征不仅表现在地区独特的建筑和环境上，也反映在人们的生活习惯

❶ 江向东．民族地区城市规划建设特色探索［J］．施恩职业技术学院学报，2009（4）：54-56．

和思想观念中。城市和乡村之间由于在经济、社会等方面都存在很大差异，城乡间也会表现出不同的文化特质。规划建设应在消除城乡发展界限的基础上，保护好各自的文化特质，合理规划城市文化资源的保护和利用，加大乡村特色文化资源的发掘、传承和宣传。❶同时，统筹考虑城乡文化资源，通过合理规划将城乡特色资源与城乡风貌系统串联起来，形成完善的城乡文化风貌系统（图 2-19）。在城乡文化体系的构建中，应着重注意以下几方面问题：

（*a*）乡村文化设施1

（*b*）乡村文化设施2

（*c*）乡村文化设施3

（*d*）乡村文化设施4

图 2-19　乡村文化设施

（1）城乡统筹进程中的文化差异的问题　　城乡统筹进程中应重点关注物质文化差异、制度文化差异、行为文化差异和精神文化差异四方面内容。

（2）城市文化产业与乡村文化产业的互动关系仍需协调的问题　　城市文化产业和乡村文化产业在发展中具有共通性，彼此影响、彼此渗透。所以它们之间存在着辩证统一的关系，既相互独立，又相互影响。同时，作为两个区域的文化，具有各自的特点和内涵，在城乡文化进程中应协调好两者的关系，促进城乡文化产业协调发展的良性循环。

（3）城乡文化资金投入差距悬殊的问题　　随着人们生活水平的日益提高，文化资金

❶ Hannes Palang1，Anu Printsmann1，Eva Konkoly Gyuro，et al. The forgotten rural landscapes of Central and Eastern Europe [J]. Landscape Ecology，2006 (21)：347-357.

投入也不断提高。但乡村往往由于地方经济、政治制度等原因，没有过多的财力去支持文化事业的建设，与城市文化资金方面的投入相差悬殊。在城乡风貌的建设中应着力缩小城乡文化资金的投入差距，达到城乡文化事业的共同繁荣。

（4）乡村文化队伍建设不完善的问题　农村文化队伍作为基层文化的生力军，应大力加强队伍建设，培养“乡土艺术家”，弘扬地方民间文化。但一般专职文化工作者和精英文化的创作主力都集中在城镇，而对农村的民间艺术创作的重视程度远远不够，致使农村缺少专业的文化队伍。在城乡文化事业建设中，应发挥城市、乡村不同文化队伍的特色。

2.2.7 城乡风貌现状问题汇总

通过上述分析可以看出现阶段城乡风貌的问题主要体现在城乡自然生态系统、社会网络建设、空间结构构成、经济产业发展、交通网络结构、文化体系建设等七个方面（表2-2）。为此应该对涉及城乡风貌规划的几个关键问题进行全方位的理解和认知，方能寻求到科学、高效的对策和方法。

现阶段城乡风貌主要相关问题汇总表　表2-2

问题类型	具体问题
自然生态系统方面	原生态稳定性降低 景观风貌连续性下降 中心城区生态环境质量恶化、农业污染严重 村镇本土文化、风貌特色缺失
社会网络建设方面	公共服务设施不完备 乡村基础设施建设落后
空间结构构成方面	空间的复合性特征不明显 空间的层次特征不突出
经济产业发展方面	发展规划缺乏连续性和系统性 产业选择过程缺乏联动机制 乡村产业调整缺乏农民支持 招商引资脱离实际 体制改革滞后
交通网络结构方面	交通规划整体较差 乡村交通网络建设相对滞后
文化体系建设方面	城乡文化差异较大 城乡文化投资差距大 乡村文化队伍建设落后 文化产业互动关系仍需协调

2.3 城乡风貌规划的理论基础

城乡风貌规划需要完整而严谨的理论支撑。由于城乡风貌是一个复杂的巨系统，所以其涉及的理论也呈现多元化趋势，可以分为系统观、自然观、生态观、地域观、经济观、社会观、文化观共计七方面。

2.3.1 城乡风貌系统观的理论基础

系统观要求以系统的方法认识世界和理解世界，城乡统筹的方法本身就是在系统论的理论基础上建立起来的，因而，建立系统观对研究城乡风貌规划有着十分重要的作用。

2.3.1.1 系统论

美籍奥地利人、理论生物学家 L. V. 贝塔朗菲（L. Von Bertalanffy）是人们公认的系统论的创始人，他在 1937 年提出一般系统论原理，奠定了这门科学的理论基础。系统论的核心思想是系统的整体观念，贝塔朗菲用亚里士多德的"整体大于部分之和"的名言来说明系统的整体性，他强调，系统的整体性不是各个要素功能的简单叠加，而是各要素共同构成的新的效用，这种新的效用取决于各要素之间的关系，若各要素之间以合理有序的结构构成整体时，整体的效用良好，反之，系统的功能则会受到影响。

一般系统论对人们的思维方式产生很大的影响，它为人们提供新的思考问题的方法。任何事物都可以看作是一个系统，在研究问题解决问题时，研究系统中各个子系统（要素）之间、系统与其子系统（要素）之间以及系统之间的关系和相互作用，从而从整体上把握问题的性质，从动态上掌握问题的发展规律，以便更加科学合理地解决问题。

城市和乡村本身可以看作是两个复杂的系统，而城乡统筹是将二者融合，构成一个新的复杂的大系统，这个系统包含诸多的子系统，只有这些子系统科学合理地相互协调，构成合理的整体，城乡统筹的系统功能才能够很好地发挥出来。城乡风貌作为城乡统筹系统中的一个要素，也必须以系统论的观点为基础，从整体性出发，从动态上把握，系统地研究城乡风貌与构成城乡风貌各要素之间的相互关系和相互作用。[1]

2.3.1.2 人居环境科学

希腊学者道萨迪亚斯（A. C. Doxiadis）在第二次世界大战之后，运用系统的思想提出"人居环境科学"的概念，他认为人类聚居环境就是人类集聚或居住的生存环境，特别是指建筑、城市、风景园林等人为建成的环境。人居环境科学是对建筑学、城市规划学、风景园林学的综合，其研究领域是大容量、多层次、多学科的综合系统。

清华大学教授吴良镛先生系统地提出人居环境科学理论，吴先生以五大原则（生态观、经济观、科技观、社会观、文化观）、五大要素（自然、人、社会、居住、支撑网络）、五大层次（全球、区域、城市、社区、建筑）为基础，构建了人居环境科学的基本框架。他认为，"'整体环境'与'普遍联系'是人居环境科学的核心"。"一个良好的人居环境的取得，不能只着眼于它部分的建设，而且要实现整体的完满，既要面向'生物的人'，达到'生态环境的满足'，还要面向'社会的人'，达到'人文环境的满足'"。

人居环境科学理论为人们认识世界提供了一个全新的视角，即从整体出发，注重联系，全面地看待问题和解决问题。它的建设，将建筑学与城市规划学的研究范围扩大到整

---

[1] Neville D. Crossman，Brett A. Bryan，Bertram Ostendorf，et al. Systematic landscape restoration in the rural-urban fringe：meeting conservation planning and policy goals [J]. Biodivers Conserv，2007 (16)：3781-3802.

个人居环境，通过多学科的交叉与多领域的融合，促进经济、社会、文化等多方面因素的研究，使人居环境建设更加综合、科学、人性化，为解决人居环境问题提供了新思路。

城乡统筹与人居环境科学是相辅相成的，基于人居环境科学理论开展的当前城乡风貌研究，能够使我们从整体上出发，统筹兼顾，结合各方面的实际情况和需求，对城乡当前以及未来的规划进行统一协调，整体提升，局部加强，同时保障人居环境建设的可持续发展。

2.3.1.3 城乡融合设计

日本的岸根卓郎先生在 1985 年日本四次国土规划的基础上提出“城乡融合设计论”，并出版《迈向 21 世纪的国土规划——城乡融合系统设计》一书。他从国土的角度看待城市问题，将城市与乡村看作是有机的整体。他的基本思想是设计一个理想的社会，即“自然—空间—人类系统”，使之能够自我调节，保持良好状态，并提出了由自然系、空间、人工系综合组成三维“立体规划”，其目的在于通过“产、官、民一体化地域系统设计”创建一个“同自然交融的社会”，亦即“城乡融合社会”。他还强调在混沌中创造整体的协调美，认为应打破不合理、效率低的国土资源规划，再以规模、效率、公益性优先为原则将其重组，以此实现协调的社会系统。城乡融合设计论打破了旧有的将城市和乡村分别讨论的规划思想。事实证明，将有机的城乡系统割裂而分别研究城市功能和乡村功能只能使社会畸形，只有将城乡结合起来，从国土的角度来解决城乡问题，才能有效实现城乡系统的协调发展。

城乡风貌规划的研究正是基于城乡融合的基础之上展开的，只有充分考虑自然、空间、人类之间的有机联系，合理解决当前城乡风貌中的混沌，使之趋于整体协调，才能创造出和谐的城乡风貌特色。

2.3.2 城乡风貌自然观的理论基础

2.3.2.1 神化自然与顺应自然

在欧洲，古希腊时期人类的自然观强调有机论，认为自然界渗透和充满在人类的心灵，认为人类作为自然的一员，应深入到自然当中。苏格拉底提出在人类精神世界基础上反观自然，逐渐将自然的本质理解为上帝，至中世纪时期，人类对上帝的敬仰统治整个欧洲，因而自然被神化。

在我国，老庄的因任自然学说认为人类应顺应自然。因任自然说强调“不以心损道，不以人助天”，即人类不应发挥主观能动性去改变自然规律，或去影响自然，干扰天道，而应“顺天道而行”，“辅万物之自然，而弗敢为”，即应尊重自然，顺应自然，做到“无为”进而才能够“无不为”。

2.3.2.2 崇尚技术与控制自然

中世纪后期，工业的发展和机械的应用使人们的自然观转向机械论，人们将自然看作是一个巨大的机器，物化人类本身及周边环境。随后，人们用二元论的主客关系看待心物关系，认为人类能够“为自然界立法”，强调人类对自然的控制，人类可以任意地创造、改造、控制、征服自然。

荀子主张控制自然，他提出“天有常道，地有常数”，认为自然万物客观存在，人类受自然的影响而存在。在尊重自然规律的同时，他强调“制天”、“化物”、“理物”的思想，主张发挥人的主观能动性，用人类的智慧控制自然，治理自然，使自然万物为人类服务，他提出的“制天命而用之”充分反映他对于天命自然的态度。而他所说的“君子之于天地万物也，不务说其所以然，而致善用其材”体现他对自然缺乏研究，盲目改造自然的观点。

2.3.2.3　人地协调论与天人协调说

西方工业革命以来，人地矛盾日益凸显，由于人们对利益的贪婪追逐，人地协调难以实现，导致环境恶化，人们生活质量下降，因此，20 世纪 60 年代，人地协调论开始兴起，且逐渐被人们接受。人地协调论研究的对象就是自然系统及其构成，以及人与自然环境对立统一的关系。人类社会要实现长期持续健康的发展，必须保证人类与自然环境和谐共生，遵守人地协调的法则，保持人类活动在环境容量限度之内，以达到人类社会与自然环境的平衡。

《易传》提出天人协调的思想观点。《易传・象传》中指出“裁成天地之道，辅相天地之宜”，即调节自然万物的规律，协助自然万物的变化。《易传・系辞传》中指出“范围天地之化而不过，曲成万物而不遗”，即调整自然的变化，协助万物达到完满。从中可以看出，《易传》强调人类既要了解自然，掌握自然规律的作用与变化，更要善于发挥主观能动性，调节自然的变化，即改造自然；既要“顺天”，又要懂得“人谋”，合理地调整大自然，使其符合人类社会的发展需求。

东方天人协调说的思想与西方的人地协调论为我们处理人与自然的关系提供了启发。在自然面前，人类应崇尚自然，尊重自然，客观地面对自然规律，顺应自然的发展，但却不能屈从自然，无为地向自然妥协。同时，人类应善于了解和改造自然，发挥人类的主观能动性，创造适合人类社会发展的自然环境，但不能盲目强调人的主观行为而忽略客观的自然规律，改造自然应做到取其精华，去其糟粕。

总之，应充分吸收东西方关于人与自然协调的观点，在认识、改造自然的过程中强调人与自然协调。城乡风貌是人类社会与自然环境结合的产物，包含自然的风貌景观和人类创造的环境。城乡风貌的建设是人类改造自然中的一部分，因而，应顺应自然的发展规律，合理利用自然环境。运用天人协调说和人地协调的理论，对城乡风貌进行建设，应充分考虑自然环境和人类社会的风貌特色，使之构成和谐的整体。

2.3.3　城乡风貌生态观的理论基础

2.3.3.1　生命周期评价论与可持续发展

生命周期评价是一种分析方法和评价工具，是产品从最初的材料提取到最终消亡的全生命周期所带来的全部投入和产出的数据分析。这种评价机制能够促使人们使用绿色的原材料，清洁的能源，生产可重复利用的产品，当一种产品的生命周期结束后，它所剩的“废品”可再次投入到新的循环当中。在城乡的建设中，这种方法已受到很多的关注，但由于其成本高，且对专业技术有一定的要求，生命周期评价尚未普及，但它对城乡生态建设和可持续发展的重大意义是不能被忽略的。

1972 年，“可持续发展”（Sustainable Development）思想第一次出现在世界环境与发展委员会主席布伦特兰（Gro Harlem Brundtland）的题为《我们共同的未来》的调查报告中，同时，该委员会将“可持续发展”解释为：在满足我们这一代需求的同时，不能危及我们子孙后代满足他们的需求的能力。可持续发展是维护一种平衡关系，即“需求”与“限制”的平衡，强调在满足人类需求的同时进行控制，将人类的需求控制在生态可接受的范围之内，为后代着想。可持续发展还是一种变化的过程，强调在社会发展的过程中协调各方面的变化，从而增加满足人类需求的愿望及可能性。1992 年在巴西里约热内卢召开了以“环境与发展”为主题的世界首脑会议，确立可持续发展理论为人类发展新战略，大会形成的《21 世纪议程》将可持续发展理论推进了一步，并提出了可持续发展的原则，即公平性原则、可持续性原则和共同性原则。我国于 1994 年 3 月正式通过《中国 21 世纪议程——中国 21 世纪人口、环境与发展白皮书》，与全球可持续发展接轨。可见，可持续发展思想日益引起世界各国的重视，成为其建设发展的宗旨。

2.3.3.2　生态设计与景观安全格局

伊恩·伦诺克斯·麦克哈格在《设计结合自然》一书中阐述了景观生态规划的思想。他提出以生态原理进行规划操作和分析的方法，同时强调生态规划设计的两个原则，即在生态系统的承受范围内开展人类活动和人类活动不应在生态环境脆弱的地方进行。伊恩·伦诺克斯·麦克哈格既强调了景观作为一个美学系统而存在，又强调了景观作为一个生态系统兼具调控城市生态环境的功能。“‘设计结合自然’的理论不仅仅是从艺术形式上对城市规划所作的研究，也是从生态角度对环境伦理所进行的阐释。”[1]

我国学者俞孔坚教授提出“景观安全格局”这一概念，即景观中存在着某种潜在的空间格局，它们由一些关键性的局部、点及位置关系所构成，这种格局对维护和控制某种生态过程有着关键性的作用，这种格局被称为安全格局。他以广东丹霞山风景区内的生物保护规划为例，探讨生态安全格局的理论与方法。一个安全的格局意味着构成该格局的各个要素之间配合良好，一个科学合理的生态景观规划对景观安全格局将起到维护和强化的作用，反之则是破坏。

2.3.3.3　景观都市主义与复合生态系统

加拿大学者查尔斯·瓦尔德海姆（C·Waldheim）在 1990 年提出“景观都市主义”一词，随后引起学界的热烈讨论，许多知名高校也展开对景观都市主义的研究。目前，对于景观都市主义的研究有三种不同的倾向：第一种为温和的景观都市主义，这种观点将生态学思想与城市景观联系起来，关注城市景观与生态问题，强调以真实的自然为出发点进行设计，维持原有的生态有机整体构成，提倡修复城市的伤疤，倡导可持续技术，并将这些生态思想贯穿于设计和建造的始终；第二种为激进的景观都市主义，关注的焦点是社会景观；第三种观点兼具以上二者的特点，既重视景观的生态功能，也重视社会景观的潜力，

[1] 沈洁，张京祥．从朴素生态观到景观生态观——城市规划理论与方法的再回顾［J］．规划师，2006（1）：73-76.

目的是让自然生态与社会、经济、文化共同成为城市景观的元素。“景观都市主义的核心是利用景观概念在当代语境中的转变，通过术语的重组，使景观和都市两词的意义在意识形态、功用任务和文化内容上都发生转变，从而形成一种新的实践，以应对当代城市的基质化状况。”❶ 总之，景观都市主义为城市景观的建设提供一种全新的思维方式，将景观扩展到城市建设的各个层面，将生态融入城市建设的全过程。

中国生态学家马世骏、王如松于1981年提出了“社会—经济—自然”复合生态系统。他们指出，社会、经济和自然是三个不同性质的系统，但其各自的生存和发展都受其他系统结构、功能的制约，必须当成一个复合系统来考虑，并将其称为“社会—经济—自然”复合生态系统，自然系统作为整个复合系统的基础，经济系统为媒介桥梁，社会系统为主导，它们之间相辅相成，相互作用。同时，他们提出了衡量该复合系统的指标，“自然系统是否合理、经济系统是否有利和社会系统是否有效。从该理论出发，研究各系统的运转状况和它们之间的关系，有助于解决当今能源紧张、人口拥挤、城市布局混乱等问题”❷。城乡风貌的规划建设是在现有的自然系统基础之上，依据经济系统的运行情况，综合考虑社会系统历史和当前的需求而进行的，因而，将“社会—经济—自然”复合生态系统理论研究运用于城乡风貌的建设是很有必要的。

2.3.4 城乡风貌地域观的理论基础

2.3.4.1 地域文化

全球化与信息技术的快速发展促进世界范围内的文化交融，由此引发了世界文化的趋同，压制了地域文化和民族文化的发展。在城乡建设领域，这种文化的趋同进一步导致很多地区的城乡特色风貌逐步消失。正如英国皇家建筑师学会会长帕金森（Parkinson）所言，“全世界有一个很大的危险：我们的城市正在趋向同一个模样，这是很遗憾的，因为我们的生活中许多乐趣来自于多样化和地方特色”。❸

地域文化是一个地区特色创造的基础，而地域的历史文化对区域特色的创造尤为重要。如今，区域中的强势文化往往是全球化带来的“一体化”的文化，重要的历史文化则成为多元文化中的弱势。正如吴良镛院士在2001年建筑与地域文化国际研讨会中所说，“面对强势文化的挑战，像保护生物多样性一样，对文化多样性进行必要的保护、发掘、提炼、继承和弘扬”，“既要积极地吸取世界多元文化，又要力臻从地区文化中汲取营养、发展创造，并保护其活力与特色”❹。

2.3.4.2 人地关系地域系统学说

中国科学院的吴传钧院士在人地关系理论的基础上提出了人地关系地域系统学说，提出从地理学的角度研究人地关系，以地域为研究基础，人地关系地域系统即是人与地在特

---

❶ 陈洁萍，葛明．景观都市主义谱系与概念研究［J］．建筑学报，2010（11）：1-5.

❷ 马世骏，王如松．社会—经济—自然复合生态系统［J］．生态学报，1984，4（1）：1-9.

❸ 何小娥，阮雷虹．试论地域文化与城市特色的创造［J］．中外建筑，2004（2）：52-54.

❹ 吴良镛．基本理念·地域文化·时代模式——对中国建筑发展道路的探索［C］，建筑与地域文化国际研讨会暨中国建筑学会学术年会论文集，2001.

定的地域环境中相互联系，相互影响的动态关系。他认为，在人地关系地域系统中主要包括四个要素：空间、时间、自然和人文，在不同的地域中，人地关系的差异体现于此，因而应根据地域条件协调人地关系，只有这四要素之间配合良好才能保证系统功能的正常发挥。他强调，要提高人地关系的研究水平，应以人地协调为目的，以人地关系的地域系统为研究重点，并运用科学的研究方法。从地域出发来研究人地关系才能够真正地做到人地协调。

在我国当前的建设中，任何区域规划建设开发，都应以改善区域人地关系、促进区域人地关系良性循环，加强人地协调为目标。对于城乡风貌的建设而言，更应充分发掘地域特色和潜力，努力创造与地域自然环境和社会文化相协调的充满地域特点的城乡风貌。

2.3.4.3 地域主义与批判的地域主义

地域主义和批判的地域主义思想都是从自然环境角度出发研究问题，强调人居环境的建设应根据不同地区自然环境的不同而进行，对于城乡风貌的特色建设很有启发。

对地域主义的研究始于20世纪20年代，芒福德针对当时的环境策略提出独具见解的地域主义。他反对具有浪漫色彩的地域主义，反对完全回归本土自然的地域主义，并且提倡运用现代的科学技术进行建设，对于现代主义的“普遍性”，他采取一种折中的态度，认为现代主义所带来的全球性与区域主义强调的地方性并不矛盾，而是可以相互结合，因而，他提出“具有本土和人文的现代主义形式”。20世纪50年代，海德格尔（Martin Heidegger）在他的一些著作中也提到了地域主义，但却不同于他之前芒福德所提的地域主义。他反对现代主义，否认现代科学技术，批判机器文明，他认为地域主义应是种族的隔离。

“批判的地域主义”一词最早出现在20世纪80年代初A·佐内斯（Alex Zonis）和L·勒费利（Liane Lefaivre）所著的《网络和路径》中。他们根据芒福德的地域主义，总结出“批判的地域主义”，他们认为，芒福德的地域主义其实是对现代主义的批判和对地域主义的批判。1983年K·弗兰姆普敦（K·Frumpton）在他的《走向批判的地域主义》等文中正式将“批判的地域主义”进行更深入的研究。批判的地域主义强调设计的基础是自然地理环境，包括气候、色彩、材料等方面，而不是乡土建筑，同时强调地方文化的重要性，又对世界大同文化采取批判的态度。

如今全球化带来世界文化的融合，建筑形式的趋同，导致很多城乡风貌特色的丧失。从地域主义和批判的地域主义视角看待当今的问题，从中寻找解决问题的方法，就必须积极地恢复传统地域文化，保持风貌的多样性。[1]

2.3.5 城乡风貌经济观的理论基础

2.3.5.1 库兹涅茨环境曲线

20世纪50年代中期，美国经济学家西蒙·库兹涅茨（Simon Kuznets）曾提出这样的假说，在经济发展过程中，收入差距会呈现先扩大再缩小的现象。这一收入差距与人均收入之间的关系会出现倒“U”形曲线，也称为“库兹涅茨曲线”。随后，环境经济学家经过

---

[1] Sun-Kee Hong，In-Ju Song，Jianguo Wu. Fengshui theory in urban landscape planning [J]. Urban Ecosyst，2007 (10)：221-237.

大量的观察数据中发现并证明："在经济发展过程中，环境退化水平（人均污染物的排放量）一开始随着经济发展水平（人均收入）的提高而增大，随着经济发展水平进一步提高，环境退化水平开始缩小"。在平面坐标系中，横坐标为经济发展水平，纵坐标为环境退化水平，从而得到了"库兹涅茨环境曲线"（图 2-20）。

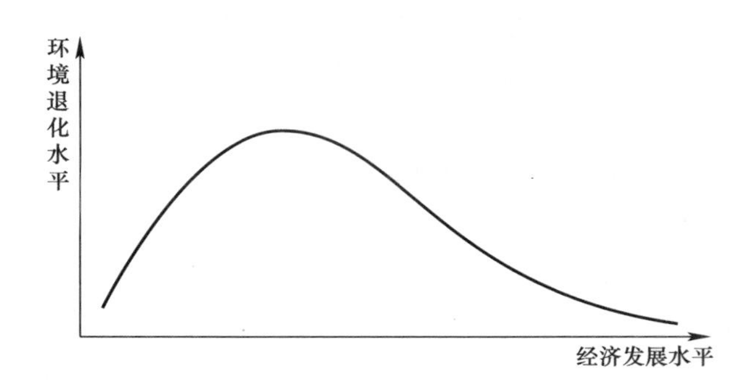

图 2-20　库兹涅茨环境曲线

资料来源：赵民，何丹．论城市规划的环境经济理论基础［J］．城市规划汇刊，2009（2）：55.

对于"先发展，后治理"的发展模式，库兹涅茨环境曲线似乎给予了有力的支持。曲线说明：在一个国家经济发展的起步阶段，特别是工业化的迅速发展的时期，会引起急速的环境恶化；随着经济的发展，环境恶化达到一定程度后，到达顶峰。随后经济的持续发展有利于保护环境。在之后的相当长的时间内，经济的发展还是要弥补前些年的环境损失，但最后的结果是对环境保护有利的。同时，经济的快速增长可以帮助国家尽快地度过不利于环境保护的发展阶段，尽快进入经济发达与环境优质并存的阶段。同时国内环境政策以及来自国际的环境压力和国际组织的援助，都将敦促环境的保护工作的发展与实施。

2.3.5.2　循环经济理论

20 世纪 60 年代中期美国经济学家 K•鲍尔（K•E•Baulding）提出了循环经济的思想。他认为地球是一个孤独的个体，它是在消耗有限的资源来生存，通过消耗能量来进行物质再生产，从而形成循环生态系统。而我们人类一定要明确我们在这循环结构中的位置。英国环境经济学家大卫•皮尔斯（David Preece）和图奈（R. K. Turner）第一次提出"循环经济"一词，他们在《自然资源和环境经济学》一书中将"环境"视为经济内部的新的生产因素，还阐述了自然资源管理的两个规则，"一是可再生资源的开采速率不大于其可再生速率；二是排放到环境中的废物流要小于或等于环境的同化能力"。此后，很多学者肯定了循环经济的思想，此思想迅速发展起来。

对于循环经济的概念与内涵，学术界有三种观点：第一种观点是基于人与自然的关系，侧重于环境保护和资源节约；第二种观点是对循环经济的进一步的理解，是属于生产技术模式的范畴；第三种观点是基于经济形态的高度，将其归类到一种新的经济发展模式中。这些观点逐层深入、逐渐全面地界定循环经济。循环经济并没有否定经济增长，这充分体现了人类经济发展观的转变。循环经济遵循生态学规律和经济发展规律，转变传统的经济增长方式与方法，利用技术改造、人力资源开发、产业调整、制度创新等手段，提升经济发展质量和资源使用效率，从而实现经济发展与生态环境的统一和谐。

2.3.6 城乡风貌社会观的理论基础

2.3.6.1 传统城市社会学

19世纪的工业革命掀起了城市发展的大浪潮，其后果是：由于大量的农村人口涌入到城市中，食物、住房设施供不应求，工作环境极其恶劣，就业情况不稳定等，导致街道秩序混乱，疾病流行，犯罪率上升。这些都引起了社会学家的高度关注，传统城市社会学是在这样的背景下产生。德国人齐美尔（Georg Simmel）从城市生活的社会心理的角度来研究城市，在他题为《都市与精神生活》的论文中提出“个人应学会使自己适应社会”的观点。德国社会学家韦伯（Max Weber）对欧洲和中东历史上的城市与中国、印度历史上的城市进行了比较，在他的论文《城市》中提出“完全城市社区”的概念，“一个聚居地要想被称为完全城市社区，它一定要在贸易—商业关系中占据主导地位。他认为中世纪的城市才能属于完全城市社区。他还强调政治、经济因素对城市发展的重要性，政治、经济的互动不同，相继产生的城市也会不同”。

19世纪末20世纪初，美国进入迅速工业化时代，城市高速发展，移民大量涌入，伴随着城市的发展出现了一系列严重的城市问题，美国城市社会学就在这样的背景下产生。1938年，一种被称为“为生活方式的城市化”的观点出现，其中首次把城市化理解为社会生活方式的变革过程。这种观点认为，城市的本质在于异质性，城市是“有城市异质性的个人组成的、较高密度的、较大规模的永久性的聚落”。沃斯（Louis Wirth）把芝加哥学派的观察研究和欧洲的传统理论相结合，首次证明真正的城市理论是可以存在的。从这个角度可以说真正的城市社会学理论是在美国产生的。芝加哥人类生态学派的主要代表人物有帕克（Robert E. Park）、伯吉斯（Ernest W. Burgess）和麦肯齐（Rodericke D. Mckenzie）。20世纪20年代中期，三人联合出版了的《城市》一书，这本书标志着人类生态学派的诞生。他们把城市看作是一个社会有机体，是由内在过程将各个组成部分结合在一起，将生态学原理（淘汰、竞争、演替和优势）引入到研究中，从人口与地域空间的互动关系的角度来研究城市发展。他们还强调，城市的区位和空间的布局都是通过竞争来谋求适应和生存的结果。霍伊特（Hoyt）提出的城市扇形模型和伯吉斯提出的同心圆模式集中体现了这种思想。另外，芝加哥学派还发现在城市空间组织中社会价值观等文化因素也起到重要的作用。最后总结到，经济竞争能从根本上决定城市空间的形成和变化，而文化因素或价值观能影响城市空间的微观结构。

2.3.6.2 新城市社会学

新城市社会学产生的背景为20世纪60年代，由于郊区化的发展和城市中心产业的向外迁移，欧美城市中心税收减少，由于财政税收降低，许多公用设施得不到及时的更新和修建，而随着城市商业、服务业的萎缩，城市失业人口增多，城市居民实际生活质量下降。于是在一些城市持续爆发了社区居民抗议行为和骚乱，导致犯罪活动频发。这种情况使城市大众成为社会学家关注的对象，社会学家寻求在更深的层次上理解城市的发展，在这样的背景下，新城市社会学诞生了。

法国城市社会学家卡斯泰尔（Manuel Castells）使用结构主义马克思主义的观点来分

析城市社会。他认为社会结构通过城市空间来表现，社会结构由经济系统、政治系统、意识形态系统组成，其中起决定作用的是经济系统。他通过劳动力再生产的过程阐述了一个重要概念：集体消费。美国学者哈维（David Harvey）完全同意卡斯泰尔关于资本积累与阶级斗争的观点。根据马克思主义关于资本主义生产和再生产的周期性原理，哈维提出了资本运动三级环程的理论，并以此来解释城市空间发展和资本运动的关系。

在苏联克拉斯诺亚尔斯克国立大学的社会学家库采夫的《新城市社会学》一书中，作者从城市社会学的角度对城市的建设和发展提出了诸多问题，值得在城乡风貌的研究中加以思考。第一，现在的中国处于快速建设、高速发展的状态，工业化是城市发展的主要动力。第二，由于经济、社会的发展，新城市的劳动力资源不足等问题也不断涌现。第三，社会基础设施的状态在很大程度上决定着城市经济与社会发展水平、生活方式的城市化水平、居民的人口结构状况。第四，在城乡统筹的背景下，人们生活方式在不断发生变化。❶以上四点对城乡风貌规划有一定的借鉴意义。

与美国相比，英国的住房和城市发展更多地受到国家干预的影响。社会化的住房模式对城市发展的影响更多地被城市社会学家关注，形成以雷克斯（Arderne John Rex）和帕尔（Raymond Edward Pahl）为代表的城市管理主义学派。雷克斯认为，城市中不同住宅的获得，是经济因素、科层官僚制运行和市场机制共同作用的结果。在雷克斯的研究基础上，保罗则以“城市管理者”的理论，进一步指出造成社会冲突的根本原因是城市资源的分配不平等。“城市管理者”理论认为：（1）城市资源的分配是科层官僚制运作的结果，而不是由生态过程或经济结构所决定的；（2）城市是一个空间和社会的综合体，城市资源也含有地理空间的成分。因此，城市资源也就具有了独占性，占据有利地段者能比其他人更多或更好地享用各类城市资源。

2.3.6.3 城市规划层面的城市社会学

城市社会学在城市规划层面的研究内容包括社区发展规划、城市的复兴与更新、社区物质环境整治、规划的公众参与、老龄化与社区养老研究以及城市公共空间研究等。城市社会学的相关探索研究与城市规划领域的上述研究具有明显的不同之处。

社区发展规划带有多学科交叉的属性。社会学作为其中最活跃的学科，也存在着和其他学科合作不够的问题。社区发展规划的研究和实践在西方已有50多年的历史，但在我国尚处于初期起步阶段。20世纪70年代，“新城市主义”在西方旧城及郊区复兴运动中兴起，强调对现存环境及建筑进行以历史为基础的改良。20世纪60年代兴起的环境行为学强调人、建筑与环境在社区规划中的互动关系。20世纪60、70年代的“邻里保护”及“社区建筑”运动均倡导进行社区更新与完善应采用公众参与的方式。❷

城市规划的两项重要内容为物质层面的环境治理以及非物质层面的公众参与研究。最近20年，社区日益成为环境治理的主要场所，社区环境可持续发展的出路已不再是强制

---

❶ 张秉忱．要重视社会学在城市建设中的作用——《新城市社会学》读后感［J］．城市规划，1986（6）：29-31.

❷ Milne E，Aspinall RJ，Veldkamp TA. Integrated modelling of natural and social systems in land change science［J］. Landscape Ecology，2009（24）：1145-1147.

式、慈善式整治。社区发展规划的重要议题应该是培育民间志愿者或组织投身社区物质环境治理，提高公众的参与意识。

现阶段，城市规划在我国依然是理性的，是一种自上而下的规划过程，各类指标控制实施依据国家规范及地方法规保证。随着人口老龄化的不断加剧，而城乡养老公共服务设施建设尚不完备，社区服务应更加重视老龄化的发展趋势以及社区养老方式的需求，但国家规范和地方法规中养老配套服务设施尚存空白，滞后于公共服务设施向社区服务倾斜的趋势。

作为城市规划重要内容的城市公共空间设计，其传统方式采用的是一种“先设计、再使用、后评价”的设计模式，重视空间尺度、景观与建筑小品、市政设施等设计要素，其结果往往是忽视使用者的生理及心理需求，忽视公共空间的社会性及其作为交流与交往场所的意义。例如，在中国的大中小型城市，出现了许多尺度超常、构图性强的广场、公园，豪华气派有余，却难聚人气，很难被市民接受。

2.3.7 城乡风貌文化观的理论基础

2.3.7.1 文化地理学

20 世纪 20 年代，美国文化地理学家索尔（Carl O. Sauer)《景观的形态》一书的发表，标志着西方文化地理学的形成。其主要研究内容为运用文化景观来研究区域人文地理特征，书中认为人类创造的文化是地域文化地理学主要研究内容。中国文化地理的思想起源较早，大量文化地理资料在历代各类著作、方志中均有记载，但很少有人专门从事这方面的探索和研究。20 世纪 80 年代中期到 90 年代，我国文化地理学研究侧重于谈论地理环境与文化形成之间的相互关系，有的学者对区域文化地理学也进行了初步研究，同时也引进了国外文化地理学研究的部分成果。

从 20 世纪 20 年代至今，文化地理学经历了近一个世纪的发展历程。在基本完整的研究框架上，突出了文化地理学研究的五个主题：文化景观、文化扩散、文化源地与文化区、文化生态、文化整合。其中文化景观和文化区为文化地理学观察研究主要对象。文化地理学传统研究的主要对象是文化景观，是不同区域的文化景观差异、形成过程以及形成因素的研究，自然景观是绝大多数文化景观形成的基础或背景条件，人们在改造自然景观、创造文化景观的同时，必然留下适应或改造自然环境的诸多痕迹，作为附加在自然景观上的人类活动，其所处的自然环境的影响被文化景观深刻反映出来，具有强烈的景观区域特色；文化圈的生长核心就是文化源地，世界上存在若干文化圈，每个文化圈都由一定的物质文化和精神文化构成，文化核心区和边缘区组成了文化圈，在文化形成之初，文化圈的核心地区就是文化源地；文化区是指有相似文化特质的地理区域，研究文化景象的空间地域差异性是文化区研究的意义，以此为依据，划分文化区并确定其界限；文化扩散与文化整合的研究揭示区域文化形成、发展中的扩散与整合过程，探讨文化演变的内在机制和规律，推动并促进文化的发展与繁荣；探讨文化与环境的双向影响是文化生态研究的重点，在研究不同民族文化产生、发展以及不同行为模式方面有积极的意义。[1]

---

[1] Naveh Z. Interactions of landscapes cultures [J]. Landscape Urban Planning，1995（32）：43-54.

2.3.7.2 消费文化学

消费文化是指在一定的历史阶段中，人们在物质生产与精神生产、社会生活以及消费活动中所表现出来的消费理念、消费方式、消费行为和消费环境的总和。2002年6月，尹世杰教授出版了著作《消费文化学》，认为消费是一种经济关系，也是一种文化现象，消费文化包含很多内容，如优美的物质消费品和精神文化产品，人们文明、健康、科学的消费方式等。消费文化学的主要任务，是站在经济文化一体化的高度，在揭示消费文化的发展趋势和内在规律的基础上，研究如何充分发挥消费生活中文化因素的作用，促进社会主义经济的健康发展。

2.4 本章小结

本章首先阐述了城乡统筹背景下的城乡风貌规划发展趋势，包括在城乡规划中的地位，城乡风貌规划对城乡规划内容扩展的推动作用，城市风貌向乡村的传播，乡村风貌元素在城市的植入以及城乡结合部特有的风貌特征；并从城乡自然生态系统、社会网络建设、空间结构构成、经济产业发展、交通网络结构、文化体系建设等方面分析城乡风貌发展存在的问题；最后从系统观、自然观、生态观、地域观、经济观、社会观、文化观七个方面论述了城乡风貌规划的理论基础，为下文城乡风貌规划的研究明确了方向。

第 3 章

城乡统筹背景下城乡风貌的定位与拓展

城乡风貌特色的定位是进行城乡风貌保护和培育的基础，而准确地对城乡风貌特色进行定位需要明确城乡风貌的空间结构和特色要素的系统构成，并在此基础上运用比较学的相关方法实现对城乡风貌特色的定位。

3.1 城乡风貌的空间结构

城乡风貌要素的空间结构是指一定地域范围内各类风貌构成要素的空间地理位置及其相互组合关系。由于各类风貌构成要素的职能、影响范围和密集程度等存在很大差异，所以它们在空间上表现出不同的形态特征。一般来说点状要素、线状要素、面状要素组成整个空间结构网络。在对城市风貌载体系统的划分研究方面，同济大学博士研究生蔡晓丰在其博士毕业论文《城市风貌解析与控制》中借助凯文·林奇的城市意象五要素，提出了城乡风貌的分类方法。“结合城市中已有的形态类型，根据其空间形态特征将最有代表性和影响力的城市风貌载体分为五种类型：城市风貌圈、城市风貌区、城市风貌带、城市风貌核和城市风貌符号。”本书将这种方法引入城乡风貌载体的种类划分中，对该划分方法的进一步拓展和内容丰富。首先从空间范畴上，城乡风貌规划的研究范围较城市风貌规划更为广阔，它将整个“城市—乡村”地区作为研究背景，在城市风貌载体系统中作为风貌圈出现的物质形态要素，在城乡风貌要素中可能被视为风貌区，甚至是风貌核；其次从研究内容上，在城乡风貌载体的空间形态划分中，增加对城乡结合部、乡村地区以及广大自然风貌因素的研究。下文将逐一对城乡风貌载体各层次的物质形态要素进行阐释。

3.1.1 城乡风貌圈

城乡风貌圈具有地理文化圈的特征，在人类社会的发展过程中，地理环境对地域内的文化形式和社会生产生活方式具有显著影响。不同的地理文化主宰不同的区域，使得城乡风貌圈成为城乡中风貌载体形成的最基本的结构形式。它是不同特色文化主宰的块状区域，例如城市风貌区、乡村风貌区、风景名胜区等。

对我国城乡风貌圈可依据以下的标准进行划分：按照经济地理因素可以分为东部经济发达城乡风貌圈、中部经济较发达城乡风貌圈、西部经济欠发达城乡风貌圈；按照区域的地理气候因素可以分为寒冷地带城乡风貌圈、温暖地带城乡风貌圈、炎热地带城乡风貌圈；按照区域的地形地貌，城乡风貌圈可以分为山地丘陵地带城乡风貌圈、平原地带城乡风貌圈、草原地带城乡风貌圈、河谷地带城乡风貌圈、海滨地带城乡风貌圈等。借用朱海滨在《鸟瞰中华——中国文化地理》一书中将中华文化分为“东北文化区、燕赵文化区、黄土高原文化区、中原文化区、齐鲁文化区、淮河流域文化区、巴蜀文化区、荆湘文化区、鄱阳文化区、吴越文化区、闽台文化区、岭南文化区、云贵高原文化区、内蒙古文化区、北疆文化区、南疆文化区和青藏高原文化区”[1] 的划分方式，城乡风貌也可以按照这些文化分区划分为相应的城乡风貌圈。此外按照语言、宗教、风俗以及建筑文化等因素，城乡

[1] 朱海滨. 鸟瞰中华——中国文化地理［M］. 沈阳：沈阳出版社，1997.

风貌圈还可以有更多的分类，在这里概不赘述。

3.1.2　城乡风貌区

城乡风貌区是城乡风貌载体系统主要的空间存在形式，城乡风貌区具有比较鲜明的边界，其内部风貌因素具有一定的均质性，同时其与周围环境区域有较为明显的特征差异。在城乡风貌载体系统中，城乡风貌区对应的是城市风貌系统中的风貌圈。在现代城市风貌载体系统中由于城市发展的复杂性，城市内各区域的风貌特征存在一定差异，城市风貌区往往以街区的形式表现。在城乡风貌载体系统中，由于城市和乡村在职能和人工建设环境风貌方面存在较大差异，同时城乡建设区域与周围的农林经营区、风景旅游区以及山水生态系统也存在较大景观差异，所以城乡风貌载体系统中城乡风貌区的范围不是局限于城乡风貌圈的界限，而是在此基础上有所扩大，所包含的内容也有相应的变化。

3.1.3　城乡风貌带

城乡风貌带是城乡风貌空间特色系统中不可或缺的形式，它作为一种连续的线状城乡空间景观风貌而存在。城乡风貌带的作用与景观生态学中生态廊道的作用相类似，它具有与周围区域不同的景观风貌特征，而其内部又具有景观风貌均质性。城乡风貌带既可以起到分割风貌区的作用，又可以起到组织风貌要素，连接风貌区，形成城乡风貌空间结构的作用。

城乡风貌带可以按照其形态构成分为显性的城乡风貌带和隐性的城乡风貌带。前者主要包括以生态为主导的风貌带、以交通为主导的风貌带；后者主要包括以产业为主导的风貌带、以历史文化遗产为主导的风貌带和以特殊迁徙路径为主导的风貌带。

以生态为主导的风貌带是指区域内重要河流、防护林带、引水渠等重要生态基础设施的影响区域。该类型风貌带主要由河流、湿地、水库、植被以及影响区域内的城镇和村庄等组成。其中植被、水体等生态要素处于主导地位，该类生态要素作为自然生境起到保持区域内生物多样性、防风固沙、含蓄水源等重要作用。

以交通为主导的风貌带是指那些依托区域主要交通干线发展起来的城市和乡村，以及交通沿线的特殊产业园区。该类型风貌带主要为轻轨线路、高速公路、主要旅游道路及其两侧辐射区域。风貌带中交通处于主导地位，这些城乡建设区域依托交通进行物质、能量和信息流通，组织城市建设和产业发展，游人通过交通干线观赏沿途自然景观风貌，感受城乡建设风貌。

以产业为主导的风貌带按照形成的历史年代可以分为以古丝绸之路为代表的古代产业风貌带、以大运河工业遗产廊道为代表的近现代产业风貌带和以当代高科技产业密集区为代表的当代产业风貌带。故可以认定以产业为主导的风貌带主要是指现代工业企业、科研单位等集中密集分布的线性区域和地带，以及历史上受到重要商贸活动影响所形成的城乡区域。

以历史文化遗产为主导的风貌带是指历史文化遗产密集分布的隐性线状区域，风貌带内历史文化氛围浓厚，传统历史文化符号特征鲜明，风俗习惯保存较为完整。该类型风貌带又可以分为连续型和分散密集型两种。前者主要指以我国万里长城影响区域为代表的风貌带，后者主要指历史文化遗产、遗迹分布较为密集的地区。

以特殊迁徙路径为主导的风貌带是指重要的迁徙活动所形成的景观风貌带以及受迁徙活动影响的重要区域所形成的文化风貌带。自然界中生物的重要迁徙路径形成了前者，例如候鸟迁徙、鱼类回游等繁衍过程所形成的景观和影响区域；历史上人类重大迁徙活动影响区域形成了后者，例如古代客家迁移线路，近代移民城市集中带所形成的地域风貌特征。

3.1.4 城乡风貌核

城乡风貌核是指城乡风貌载体系统中具有一定规模和相对明确的边界、风貌特色资源丰富、功能完善、形态突出的特征区域。城乡风貌核在空间尺度上较城乡风貌区小，但是这种特质区域表现出更强的集聚效能、文化内涵和景观意义。综合考察城乡风貌核的形态和内涵，笔者认为易于形成城乡风貌核的空间场所主要包括城市中心区、历史文化保护区、风景名胜区、民俗文化村落、区域交通性节点、城市广场标志性节点、特殊区域入口节点等。

3.1.5 城乡风貌符号

城乡风貌符号是指在城乡风貌载体系统中反复出现的特质因素，它是城乡风貌系统的重要组成部分。通过城乡风貌符号的反复出现和累积，可以突出某一地域的风貌特质。常见的城乡风貌符号包括建筑样式、特殊建筑构件、传统服饰、特殊植物种植等。

3.2 城乡风貌特色要素的构成

城乡风貌特色要素是城乡风貌特色形成的基础，是城乡风貌特色的载体。本书所提到的城乡风貌特色是广义的城乡风貌特色，是一定时空范围内城市和乡村在自然和人文方面不同于周围其他城乡区域的风貌特征。城乡风貌特色资源是一定时空范围内具有独特性、相对稳定性和不可替代性的资源。城乡范围内各类要素都有可能成为城乡风貌的决定因素。本节将城乡要素分为自然要素和人工要素，分别阐述其在城乡风貌特色形成中的作用。

3.2.1 自然风貌特色要素

自然风貌特色要素是城乡范围内的自然生态要素，具体包括区域内的地形地势、水文地质、气候气象、植被等，这些要素是城乡风貌形成的物质基础和重要载体。[1]

3.2.1.1 地形地势要素

地形地势要素是城乡范围内的自然地貌，按照地形地貌的基本形态类型，大体可分为山地、高原、平原、盆地。我国地形复杂多变，一定时空范围内往往拥有一种甚至几种地形地貌环境。这些地形地貌在一定程度上制约着城乡建设用地的发展，决定着城乡建设用

---

[1] R. V. O'Neill, J. R. Krummel, R. H. Gardner, et al. Indices of landscape pattern [J]. Landscape Ecology, 1988, 1 (3): 153-162.

地的布局，但也为城乡范围内动植物的生长提供宝贵的生存空间，是维护城乡范围内生物多样性的重要保障。例如我国一些山地城市（图 3-1）由于受自然山体的阻隔，城市建设用地常采用组团式布局或指状布局的发展模式，这使其具有不同于平原地区城市采用单中心圈层式布局的空间形态。

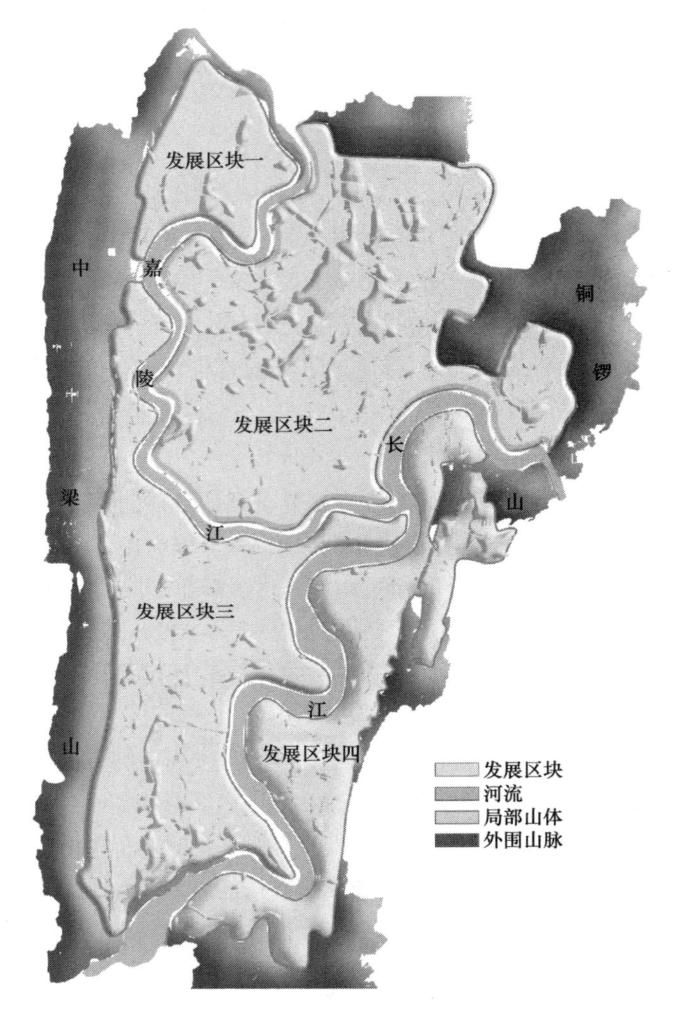

图 3-1　重庆市主城区发展区块分析图

3.2.1.2　水文地质要素

水文地质要素包括城乡范围内的河流、溪涧、湖泊等自然水系，还包括运河、水库、鱼塘等人工水利工程。总体而言，水文地质要素是指区域范围内的河湖水系。河湖水系在不同的区域内拥有不同的河道形态、水面尺度、水体的流速和颜色以及驳岸的形式，城市和乡村与水系的空间位置关系也有很大区别，这些要素都是形成城乡风貌特色的重要条件。通常情况下，山地区域内河流蜿蜒曲折，水流湍急（图 3-2）；乡村平原地区水面较为宽阔、水流平缓（图 3-3）；在城市地区河流水系的驳岸常经过人工处理（图 3-4）。四川黄龙九寨沟的湖水在水底矿物质的作用下呈现缤纷的颜色。又如水文地质条件塑造泉城济南、水城苏州、海滨大连等因水而具有个性的城市，使其具有与众不同的风貌特色。

图 3-2　山地河流

图 3-3　乡村河流

图 3-4　城市河流

3.2.1.3　气候气象因素

我国幅员辽阔，横跨多个地理纬度，地形地貌复杂，地势高差较大，不同地域在温度、湿度、降水等气候条件方面存在很大差异。不同地域植物的种类、生长状况、人类的生产经营活动也各不相同。高山地区生长的植物类型呈垂直带状变化。我国北国风光和岭南风光存在很大的差异。例如，我国东北地区由于冬季气候寒冷，雾中的雾滴在树枝上凝结集聚形成粒状结构沉积物，形成寒地美丽的雾凇景象（图 3-5）；又如我国黑龙江省海林林业局双峰林场地区山高林密、雪期漫长，积雪深达 2 米，由于积雪随物具形，形成各式各样的雪堆，形成独特的林海雪原景象（图 3-6）。这些都是受一定地域范围内气候气象因素影响的结果，是区别地域个性，塑造城乡风貌特色的主要因素。

图 3-5　吉林松花江雾凇景象

图 3-6　海林双峰林场冬季景象

3.2.1.4　植被要素

植被要素是指一定地域范围内生长的自然植被和人工植被。自然植被主要是指受地形地貌和水文气象因素影响，生长于城乡范围内的野生植被。人工植被主要是指经过人工改造的自然植被，主要包括农作物植被和景观绿化植被等（图 3-7）。

（*a*）农作物植被

（*b*）花卉植被

（*c*）室内景观植被

图 3-7　人工植被

植被是区分地域特征的重要因素，也可以成为一个地区的特色。例如看到棕榈树和椰子树会想到海南风光（图 3-8），看到松树和柏树时自然而然会联想到北国风光（图 3-9）；不同农作物植被也是塑造城乡产业风貌和自然风貌的重要因素。

（a）棕榈树景观

（b）椰子树景观

图 3-8　海南自然植被

（a）天然松树林

（b）天然柏树林

图 3-9　北方自然植被

3.2.2　人文风貌特色要素

人文风貌特色要素是人类在长期发展历程中，通过适应和改造自然环境而形成的带有人工痕迹的要素，主要包括城乡政治、经济、文化等要素。❶

3.2.2.1　政治要素

在当今社会，城镇和乡村在国家和地区中的政治地位成为决定其城乡风貌特色的重要决定因素。城镇和乡村的发展规模、经济产业结构、土地利用布局和环境设施建设往往由它们的政治职能所决定。例如北京作为中国的首都，决定着其发展成为特大城市，其建筑宏伟大气，环境设施完备，成为历史底蕴深厚（图 3-10）、都市气息强烈的国际化大都市（图 3-11）。

❶ Wolfgang Haber. Landscape ecology as a bridge from ecosystems to human ecology [J]. Ecological Research，2004 (19)：99-106.

图 3-10　历史底蕴醇厚的北京

图 3-11　都市气息浓郁的北京

资料来源：http://sucai.redocn.com/photo/2010-11-14/293319.html

3.2.2.2　经济要素

经济要素是区域内的产业组织形式和特色产业。区域内主导产业和辅助产业的组织协调关系构成了城乡产业组织形式，良好的产业组织形式有利于提高区域的产业发展效率和产品竞争力，提升区域的经济地位和产业竞争力。城乡区域内的特色产业往往具有稀缺性、不可替代性和一定的规模，从而成为对外畅销的经济产品，这类特色产业往往决定着区域的产业发展方向和城乡产业布局，成为塑造良好经济产业文化的决定因素。

3.2.2.3　文化要素

文化要素包括的内容有很多，将其归纳总结大体可以分为历史文化、民俗文化、宗教文化、市民文化。历史文化决定着城乡文化的底蕴，是城乡风貌塑造的人文基础，同时它是城乡风貌塑造的重要内容，往往成为决定城乡基调和空间布局的关键因素。民俗文化是城乡居民的风俗习惯，往往通过影响居民的思想意识来影响居民的生活习惯和审美道德观念，例如我国南方少数民族的泼水节、插花节等传统节日活动已经成为当地著名的旅游品牌。宗教文化作为一种特殊的文化形态，由于其自身有一套完整的伦理体系和独特的建筑风格，而成为城乡范围内的重要风貌特征区域。此外，市民文化主要反映在城乡居民的衣食住行中，影响着地区居住建筑布局、生产生活方式等。

3.3　城乡风貌特色的定位、保护、表述与创新

3.3.1　城乡风貌特色的定位

系统的特性是通过与其他系统的比较得出的，系统内各部分的特性是通过各子系统或部门间的比较得出的。例如山地城市和平原城市的特性是通过不同城市间地形地貌的比较得出的，城市居住区和城市商业区的差异也是通过各自主要功能和物质空间形态的比较体现出来的。

城乡风貌特色的定位需要通过比较的方式才可以得出，应在深入挖掘城乡范围内各种

类型特色要素的基础上，将城乡范围内的特色要素同周围区域以及城乡内部不同区块间进行比较，确定一定时空范围内的核心特色要素，并通过一定的规划技术手段和表述系统，使其风貌特色得到保持和加强。准确地进行城乡风貌定位，应以凸显地域性、时代性为目标，"以自然山水孕育、民族禀赋支撑、区域视野审视、时代视角评判为切入点"❶，这不仅有赖于对城乡山水格局、自然资源优势的充分发掘，对城乡文化中地域特色、地区精神的塑造和追求，更需对城市、乡村历史演变和未来发展趋势的深层理解。

在对城乡风貌特色进行定位时应了解风貌特色的层次性和时空性及不同特色要素在不同风貌特色层次和风貌系统内具有不同的地位和作用。在对城乡风貌的特色定位时要采用整体把握和分区明确的原则。

3.3.1.1 不同类型风貌要素间的比较

将整个城乡研究范围同周围同等级其他城乡范围进行比较，找出各城乡区域的主要差别，即各比较单元所拥有的独特的、影响巨大的风貌要素，以确定风貌的总体基调。同时采用相似的方法在城乡内部不同区域之间进行风貌要素比较，以确定不同区域的风貌定位。在城乡宏观定位时，可以从不同区域的自然因素、政治定位、经济职能和历史文化等方面进行分析比较。❷ 例如山地地区同平原地区相比由于拥有陡峭的地势，山地与建筑紧密融合而表现出明显的山地城乡风貌；一些地区水文地质条件优越，河湖水系发达而呈现出明显的水乡风情；一些地区拥有丰富的矿产资源，工矿企业发达而呈现出特色鲜明的经济产业风貌。

3.3.1.2 同类型风貌要素间的比较

有时仅仅从不同类型风貌要素的提取的角度进行比较，很难区分相互之间存在的明显差别，这时需对同类型风貌要素的特征进行更为深入的比较分析。这种比较既包括时间、空间的比较，也包括规模数量的比较。前者主要是通过比较对象所在区位、形成年代、发展历程等要素。例如北京和西安同为历史文化名城，在分析其文化特质时，主要从其历史文化形成的年代和历史建筑的样式来比较，便会发现西安历史文化形成的年代较为久远，其城市文化发展方向以继承和弘扬盛唐文化为主，而北京的历史文化底蕴则主要以体现明清帝都风格为主。后者主要是通过比较对象特色要素的空间范围和空间密度等要素，例如两个水乡城市水网的密集程度、特色种植区域种植面积等。

城乡风貌是由大量特征差别较大和相似要素共同作用的结果，仅仅从某一类风貌特色要素的特征对整个研究范围进行风貌定位是片面的，需广泛研究各类风貌要素的差异和在风貌系统中的影响力，通过整合各类风貌特色要素的作用，提出城乡风貌定位。❸ 总之，对城乡风貌进行定位的过程，是通过不同类型和同类型风貌要素的比较，找出对区域影响重大的、稀缺的、独特的、稳定的风貌要素的过程。

---

❶ 丘连峰，邹妮妮．城市风貌特色研究的系统内涵及实践——以三江城市风貌特色研究为例［J］．规划师，2009，25（12）：26-32.

❷ Sepp K，Bastian O. Studying landscape change：indicators，assessment and application［J］. Landscape Urban Plan，2007（79）：125-126.

❸ Robert H. Giles，Jr. Maragaret K. Trani，Key elements of landscape pattern measures［J］. Environmental Management，1999，23（4）：477-481.

3.3.2 城乡风貌特色的保护

城乡风貌特色的保护是在城乡风貌特色定位的基础上，保证已有核心风貌特色要素能够持久、稳定地满足城乡发展需求所采取的措施。具体包括保护重要风貌核的完整度，提高重要风貌特征区域的特色资源丰度，梳理区域内重要风貌带的连续度。

3.3.2.1 通过保护城乡风貌核的完整度来保护城乡风貌特色

在前文中提到城乡风貌核是城乡风貌系统中风貌特色资源丰富、功能完善、形态突出的特征区域，犹如城乡风貌系统的“心脏”。城乡风貌系统的保护在很大程度上是对重要风貌核的保护，即合理安排风貌核内各风貌要素的组织结构，保持风貌核形态的完整度和为风貌核营造良好的外部空间环境。

各风貌要素的组织结构是指各风貌要素间的紧密程度和相互作用机制，它们决定着风貌核功能的发挥。如果风貌核内各要素相互之间联系紧密，功能互补，将会在很大程度上提升整个系统内部凝聚力和外部吸引力；反之，则会降低整个系统的运行效率。保持良好的风貌核系统的组织结构就是以风貌核的整体功能为依据，合理改造系统内功能不相适宜的各个风貌要素，以达到整体功能大于各部分之和的效果。

城乡风貌核的物质形态是通过其内部所有风貌要素的物质形态表现出来的。各风貌要素的外部形态是其空间形态、体量、色彩、风格等可以被视觉感知的要素系统。风貌核内各要素的形态、色彩等如果与风貌核的整体风格相统一，将使城乡风貌核的视觉形象得到加强，相反则会破坏城乡风貌核的整体形象。例如，在一个传统历史街区中有一些现代的多层住宅存在，将破坏历史街区的空间氛围和整体风格。因此城乡风貌核完整度很大程度上取决于内部各类型风貌要素的形态特征，应合理地对其内部不适宜的要素形态进行改造，使其与整个城乡风貌核的风格相统一。

任何事物的发生发展都是受到内力和外力相互作用的结果，城乡风貌核功能的发挥和整体形象的塑造离不开其周围的物质空间环境和文化氛围。良好的外部空间环境会扩展城乡风貌核的范围，同时也有利于城乡风貌核吸引力的增强。假想在一个风景名胜区的周围分布着大量环境脏乱的村庄和废弃的厂房，这将会大大降低游人对风景名胜区的向往程度和评价值。在城乡风貌核的保护中应重视外部环境的建设，对周围影响区域内建筑体量、风格、环境绿化、服务设施等提出具体的要求，为城乡风貌核塑造良好的外部空间环境。

3.3.2.2 通过提高重要风貌特征区域的特色资源丰度强化城乡风貌特色

要保证良好的城乡风貌特色必须保证一定时空范围内城乡风貌特色要素的数量和规模，即增加城乡区域内的特色资源丰度，这主要通过增加新的特色资源和修复原有破损的特色资源来实现。[1]

增加新的特色资源是通过在原有范围内增加特色资源的数量和扩大特色资源的分布范围。前者的目的是提高原有风貌核内特色资源丰度，后者是通过扩大城乡风貌核的规模提

---

[1] Benoît Jobin, Jason Beaulieu, Marcelle Grenier, et al. Landscape changes and ecological studies in agricultural regions, Québec, Canada [J]. Landscape Ecology, 2003 (18): 575-590.

高整个城乡区域的特色资源丰度。例如，在民俗文化村内建设一座具有传统特色的民俗博物馆，起到增加民俗文化村内资源丰度的作用。

修复原有破损的特色资源，保持特色资源的完整度，将由于破损而失去特色的资源重新变为特色资源，从而增加区域内的特色资源丰度。例如对年久失修的历史建筑进行修复便会增强历史街区的文化价值；将风景名胜区内遭到破坏的自然植被进行修复，将会提高整个风景区的景观质量。

3.3.2.3　通过梳理区域内重要风貌带的连续度来展示城乡风貌特色

风貌带是城乡范围内具有线性特征的特色风貌廊道。梳理区域内重要风貌带主要包括对原有风貌带的保护和新的风貌带的塑造。

城乡范围内原有风貌带是城乡范围内的重要交通走廊、产业走廊和生态走廊，这些廊道系统由于具体特殊的职能，其范围内风貌特色要素呈线状聚集，成为人们感知城乡风貌特色的重要路径，因此需进行重点保护和梳理。

通常情况下城乡风貌特色要素比较分散，要突出城乡风貌的整体形象，需对不同风貌特色要素进行整合，加强各风貌特色要素之间的连接度。最常见也是最有效的办法就是通过风貌带的塑造，将相似类型的或不同类型的风貌特色要素联系起来，为人们提供观赏城乡风貌的路径，并在适宜的位置设置观赏点和视线通廊。[1]

3.3.3　城乡风貌特色的表述

主题的提炼是对城乡风貌内风貌特色要素的特征进行高度的概括，是进行城乡风貌特色定位的重要手段，在城乡风貌特色定位和塑造的过程中，主题的表达则显得尤为重要。[2]主题表达常借助一两句总结性的话语对城乡风貌特征和定位进行高度的概括，这种做法有助于观赏体验者对主题的理解，帮助观赏体验者发现城乡风貌的特色，可以起到强化城乡风貌特征形象的作用（图 3-12、图 3-13）。

图 3-12　泰山五岳独尊石刻

图 3-13　天下第一关

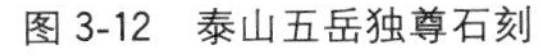

[1] Kevin S. Hanna, Steven M. Webber, D. Scott Slocombe, Integrated Ecological and Regional Planning in a Rapid-Growth Setting [J]. Environmental Management, 2007 (40): 339-348.

[2] Weiqi Zhou, Kirsten Schwarz, M. L. Cadenasso. Mapping urban landscape heterogeneity: agreement between visual interpretation and digital classi cation approaches [J]. Landscape Ecology, 2010 (25): 53-67.

3.3.4 城乡风貌特色的创新

随着人类社会的发展，城乡范围内各类要素也随之发生变化。城乡风貌要素也不例外，为适应城乡发展建设需求，原有城乡风貌特色要素不断转变着自身存在形式，一些新的风貌要素应运而生，不断丰富着城乡风貌要素的内涵。[1] 城乡风貌特色的创新要素的选取过程类似于城乡风貌特色的确定过程，要用发展的眼光审视区域内新产生和将要产生的风貌要素，对其进行不同城乡间和城乡内部不同区域间的比较，找出区域内具有发展潜力的风貌特色要素，预见该类型风貌要素对整体城乡风貌的影响，合理确定该类型风貌要素的空间布局和表现形式，处理好新旧风貌要素之间的关系，不断丰富整个城乡风貌的内涵。

3.4 城乡统筹背景下城乡风貌规划的观念拓展

城乡统筹背景下的城市风貌规划应立足于坚实的理论基础上，应以先进的理论为基础建立正确的理念，其中较为重要的基本理念包括以实现城乡一体化的城乡风貌为目的的系统观；以实现景致宜人的城乡风貌为目的的自然观；以实现可持续的城乡风貌为目的的生态观；以实现底蕴深厚的城乡风貌为目的的地域观；以实现公平效率的城乡风貌为目的的经济观；以实现繁荣和谐的城乡风貌为目的的社会观；以实现历史与时代交融的城乡风貌为目的的文化观。

3.4.1 面向城乡一体化的城乡风貌规划系统观

系统论和人居环境科学理论有助于我们在城乡统筹进程中树立城乡风貌规划的系统观。城乡风貌应是整体的、多方面的、多层次的风貌。整体风貌，体现在城市风貌与乡村风貌的协调与融合，面向区域整体；多方面风貌，即城乡风貌涉及自然风貌、人文风貌、产业风貌等多方面的风貌；多层次风貌是指城乡风貌的层次性，大到区域的整体风貌，小到建筑风貌，都对城乡风貌产生重大的影响。树立正确的系统观是实现城乡风貌协调统一的重要途径。

首先，城乡风貌是整体的。研究城乡风貌规划不应将“城乡”拆开而分别研究城市风貌和乡村风貌，必须树立整体协调与融合的系统观，把城乡作为一个有机整体来研究。城乡是一个复杂的系统，系统内部诸要素的变化必将引起整个系统的变化。所以，对于城乡统筹进程中的城乡风貌，不能孤立地看待城市和乡村的风貌建设，或仅仅研究城市或乡村风貌本身，必须将城市与乡村当作一个密不可分的系统，充分关注城乡区域的整体特点，充分认识到区域风貌特色的基本状况。

---

[1] Wood R，Handley J. Landscape dynamics and the management of change [J]. Landscape Research，2001 (26)：45-54.

再者，城乡风貌是多方面的。对于城乡风貌的研究不应拘泥于传统意义上的自然景观风貌，它是城乡物质空间、经济社会、文化活动等多方面的综合表现，涉及城市规划、建筑、景观、环境等多个学科领域。因而，对城乡风貌的规划不能孤立地研究某一方面的风貌特色，而应综合地分析城乡所处的地域风貌特征、自然环境特点、社会文化特色等多方面的因素，运用多学科领域知识，从整体上对系统加以把握，从而创造具有区域特色的城乡风貌环境。

另外，城乡风貌是多层次的。城乡风貌是一个复杂又不断变化的大系统，这个大系统中包含很多的不同规模的子系统，只有统一协调这些子系统，才能创造出整体良好的城乡风貌系统。因此，在城乡风貌规划中，应对区域风貌特色进行总体把握，对片区环境特色进行协调，对地物特色进行适当的限定，有机联系各子系统。

总之，系统观为我们研究问题提供从整体出发的方法。只有树立正确的系统观，认识到城乡风貌是整体的、多方面的、多层次的，才能正确地对城乡风貌提出科学合理的规划建设对策，从而在城乡统筹进程中创造良好的城乡风貌。

3.4.2 面向景致宜人的城乡风貌规划自然观

自然观是人类对自然的本原、规律、人与自然关系等方面的总的看法，是人类认识世界的基础。由于不同时代的历史文化背景不同，人类在不同时期的自然观有所不同。人类对自然观的认识决定人类认识自然的态度以及人类与自然的关系。所以，在城乡统筹进程中，人类自然观对城乡风貌建设的研究具有很大影响。

城乡风貌应是景致宜人的。这种景致宜人体现在城乡风貌的自然特性上，即城乡风貌应充分体现大自然的原生景致，使之视野开阔、层次丰富、自然流畅而井然有序；这种景致宜人还体现在人类创造的人工景观上，即城乡风貌建设应充分发挥人类的聪明智慧和现代的科技，创造出造型精美、视觉震撼、富有韵律又不矫揉造作、突兀怪异的自然风貌。在乡村与城市之间，乡村风貌大多是自然的，少有人工修饰的，而城市风貌则多是人工和科技的体现，在城乡统筹进程中，城乡风貌的建设应将二者充分地结合，创造出人工与自然协调的城乡风貌特色。总之，城乡风貌规划自然观主要包括以下两层含义：

首先，要充分挖掘和合理利用城乡风貌建设中的自然风貌资源。江、河、湖、海、地形、植被、土壤等环境地理要素是城乡风貌的重要组成部分，也是体现自然风貌最直接的风貌元素，是运用人工手段无法达到的，例如北京延庆乡村的水体景观（图 3-14）和植被景观（图 3-15）。因而，应积极地顺应和利用大自然形成的风貌特色，让自然的山水植被成为城乡风貌建设的底色和填充，为人类社会提供环境良好，景致宜人的自然环境。然而，人类对待大自然的风貌元素不可盲目地顺从，必要时应采取适当的措施加以控制和治理，如沙漠、沼泽、有毒植被等，应在不破坏自然的前提下满足人类生存活动的舒适安全。总之，在城乡风貌建设过程中，应重视大自然的作用，并积极分析这些自然元素对人类社会的影响，合理地加以利用。

（*a*）溪流

（*b*）水库

（*c*）河流

图 3-14　延庆乡村水体景观

（*a*）粮食作物植被景观

（*b*）花卉植被景观

（*c*）蔬菜作物植被景观

图 3-15　北京延庆乡村植被景观

其次，在城乡风貌规划建设中要充分发挥人类的主观能动性。随着科学技术的发展，人类改造自然的能力随之加强，对于城乡风貌建设而言，科学技术为城乡风貌增添了很多新的风貌元素，如景观大道、耐寒植被、数字建筑等，这些元素丰富了人居环境内涵，为人类提供了更为舒适方便的生活环境，充分展现出当代的社会文明。然而，人类改造自然的行为不可无止境、无限度、无章法，在城乡风貌建设中，不可盲目追求人工化、新奇特而忽视人类社会存在于自然之中的本质，将城乡风貌变为人造的工厂，毫无自然的审美可言。总之，城乡风貌的建设应在保护自然的前提下，发挥人的智慧，创造更符合人类需求的城乡风貌特色。❶

实际上，我们不能将自然的风貌景观想象得过于美好，盲目顺从，而忽视对自然中的不确定性和危险性的防护，也不能过于夸大人的能力，完全依赖当代科技，一味追求人造的风貌景观。因此，了解城乡风貌构成元素有助于我们在自然和人工风貌中取得最佳平衡，让城乡风貌中既有开阔自由的自然景观，又能让人们体会到科技带来的魅力。

总之，城乡风貌规划的自然观强调自然风貌与人工景观的和谐相处。通过客观、适度地利用自然风貌元素，科学地改造，建设人工风貌，实现城乡风貌建设的景致宜人。

3.4.3 面向可持续的城乡风貌规划生态观

生态观是人类对生存环境中对生态要素的认识和对待生态问题的态度，良好的生态环境是满足人类生存发展的必要条件。因而，在城乡风貌建设中树立正确的生态观十分必要。

城乡统筹进程中的城乡风貌应是生态可持续的，不应只追求眼前风貌建设的宜人与美观。城乡风貌的生态建设对整个城乡的建设意义重大，对解决当前我国面临的环境问题也起着重要的作用。城乡风貌的生态观主要体现在以下几个方面：

首先，研究城乡风貌应建立在社会—经济—自然构成的城乡复合生态系统之上，将城乡风貌看作是一个生态系统，只有使其内部各个要素达到稳定协调，才能达到社会的生态、经济的生态、自然的生态。同时若要实现其子系统的协调，应注意社会、经济、自然的建设的生态与可持续。城乡风貌包括自然环境的风貌和人文社会的风貌，二者缺一不可。因而城乡风貌的生态建设应注重自然环境的保护和修复，以及人文社会运行发展的节能、低碳、可持续等。就自然系统而言，城乡风貌的建设应注重生态保护与恢复，保护物种多样性，保护动物栖息地，保护自然的无污染，修复生态受损区。就社会经济系统而言，城乡风貌建设应就地取材降低成本，合理建设提高效率。❷

其次，应将“生态”贯穿到城乡风貌建设的始与终。风貌的建设对城乡社会、经济等多方面都会产生较大的影响，因而，在城乡风貌建设中融入生态的思想对整个城乡地区的

---

❶ Sullivan W C. Perceptions of the rural-urban fringe：citizen preferences for natural and developed settings [J]. Landscape and Urban Planning，1994 (29)：85-101.

❷ Schlaepfer R. Ecosystem-based management of natural resources：A step towards sustainable development [C]. Vienna，Austria：International Union of Forerst Research Organizations，1997 (6).

生态建设与发展十分重要。[1] 同时，城乡风貌并非是一成不变的，而是随着社会经济的发展而逐渐变化。这个变化的过程漫长复杂且没有终点，风貌的变迁与交替会带来物质的消耗和能源的损失等，因而，在城乡风貌的建设中应建立全过程的生态观，充分考虑风貌改变过程中生态要素的交接与循环，建立风貌建设的全生命周期思想，实现生态可持续的建设发展。

最后，应将生态设计作为风貌建设的一部分。在传统的城市或乡村风貌的建设中，往往将生态作为其中的原则或指标，而忽略将生态设计作为城乡风貌建设的一部分，这个事实造成城乡风貌建设“重功能”而“轻景观”，即过分强调生态的环保、可持续的功能，而缺乏对生态景观、生态设计的考虑，城乡风貌规划建设应兼具生态功能与生态景观。[2] 从生态的景观性出发，充分考虑生态建设所带来的视觉享受，对生态进行设计，为城乡风貌的建设提供了一个全新的视角。

总之，研究城乡统筹进程中的城乡风貌规划建设应充分考虑自然、社会、经济风貌的特点和城乡生态环境，重视生态系统各要素对城乡风貌建设的影响，加强生态可持续的建设，强调生态的功能性与景观性，实现城乡风貌建设的美观与可持续。

3.4.4 面向特色鲜明的城乡风貌规划地域观

城乡风貌的建设与地域的环境有着密切关系，不同地区的自然条件、经济条件和社会条件有所不同，使得不同地区的地域环境呈现不同特色，保护和弘扬这些地域特色是城市实现特色风貌建设的重要环节。在城乡统筹背景下研究城乡风貌建设，突出地域特色，可以增加地域风貌的吸引力与竞争力，还能增加当地居民的自信心和自豪感，对于区域经济和社会发展具有重要意义。因此，城乡风貌建设应注重地域特色的鲜明，即应树立坚定的地域观，并以此为思路开展城乡风貌的建设。

城乡风貌的地域观主要体现在地域自然观、地域经济观和地域社会观三个方面，在城乡风貌建设过程中应正确看待地域自然、地域经济和地域社会。

首先，城乡风貌建设应充分尊重地域的自然条件。自然环境对城乡风貌建设有着很大的影响，人类可以改变自然环境，却不能创造它，因而，合理的城乡风貌应充分尊重该地区的自然环境。不同的气候、地形、地貌带给人们的感受不同，设计师应根据地区的自然环境合理地进行风貌规划，如充分体现冬季寒冷地区的雪景，打造冰雪风貌；巧妙借用地势起伏，创造宜人的山水景观；充分挖掘地貌特征，体现大自然的魅力。如果忽略自然要素，盲目地进行设计，会造成自然环境的破坏和地域特色的丧失。因此，立足区域自然环境进行城乡风貌的建设是十分必要的。

其次，城乡风貌建设应考虑地域经济发展状况。一个地区的经济发展水平对该地区的风貌建设有着很大的影响。适宜的风貌建设对经济发展具有促进作用，而过度的建设只能

---

[1] Jianguo Wu. Urban sustainability：an inevitable goal of landscape research [J]. Landscape Ecology，2010 (25)：1-4.

[2] Yuya Kajikawa，Junko Ohno，Yoshiyuki Takeda，et al. Creating an academic landscape of sustainability science：an analysis of the citation network [J]. Sustain Sci，2007 (2)：221-231.

给地区经济造成负担。因此，在城乡风貌建设中，应充分考虑当地的经济状况，进行与经济水平相适宜的开发。同时，在城乡统筹的前提下，应做到城市反哺农村，协助农村地区的风貌建设。

最后，城乡风貌建设应与该地区的社会环境相适应。城乡风貌不仅体现在自然风貌方面，更主要体现在社会风貌当中，社会的历史、文化、活动等为城乡风貌的建设提供大量的素材和广阔的背景，城乡风貌特色建设应以此为出发点，继承地域历史文化等社会风貌并将其发扬光大。特定的历史文化环境对一个地域风貌的形成起着主导作用。当前，很多地区的风貌的建设都把现代、大气、壮阔作为目标，忽略该地区的历史文化，这样导致的后果就是地区风貌特色的衰落丧失和毫无特色的“特色”。唯有将社会环境融入城乡风貌的建设，才能够建设出具有内涵的、有活力的、有特色的城乡风貌。

总之，研究城乡风貌的特色建设应充分强调城乡的地域自然特色、地域经济水平和地域社会背景，充分考虑地域特点，尊重地域自然，适应地区经济，结合地域社会发展是实现城乡风貌特色建设的本质。

3.4.5 面向公平效率的城乡风貌规划经济观

随着人类社会科学技术水平的提高，在城乡风貌的建设与规划中，在如何利用自然资源的问题上取得了很大的进步，但是大部分自然资源不是取之不尽、用之不竭的，如何保证资源利用的可持续性就需要引起足够重视。资源利用的持续性侧重于资源容量，即人类在利用自然资源的过程中，需通过考虑自然资源容量来决定利用的强度，从而充分协调当前与未来的关系，最终达到保持自然资源的持续性的目的。[1] 此外，城乡风貌本身也可以理解为是一种不可再生的资源，一个时期城乡所呈现出的风貌是无法进行复制和恢复的，城乡风貌建设只有在旧有城乡风貌的基础上逐渐更新和完善，才能使其符合时代特征又具有历史性。

3.4.6 面向繁荣和谐的城乡风貌规划社会观

城乡风貌规划应当充分考虑当前城乡规划中的社会问题，建立繁荣和谐的城乡风貌规划社会观。首先应将过去单纯的物质环境的城乡风貌的建设转变为社会经济文化等方面的综合的更新规划[2]；其次应注重公民在城乡风貌建设中的作用，强调公众参与，如在针对绿地保护的建设中，采取“绿地招标认领计划”。居民根据相关规定可认领一定面积的城市公共绿地，并履行相应的义务，从而引导公民保护绿地的行动；此外，城乡风貌规划应充分考虑老年人的需求，从而制定相应的设计原则，并在实施之后进行反馈与追踪调查；最后，应加强城乡公共空间的风貌建设，包括其使用流线、空间形态、配套设施、景观等，

---

[1] B G Lockaby，D Zhang，J Mcdaniel，et al. Interdisciplinary research at the Urban-Rural interface：The WestGa project [J]. Urban Ecosystems，2005 (8)：7-21.

[2] Ryan C. Atwell，Lisa A. Schulte，Lynne M，et al. Landscape，community，countryside：linking bio-physical and social scales in US Corn Belt agricultural landscapes [J]. Landscape Ecology，2009 (24)：791-806.

从而间接影响人们活动的方式，促进城乡风貌的繁荣与和谐。

3.4.7 面向历史与时代交融的城乡风貌规划文化观

人类的活动改变地球原本的风貌特质，城乡建设以大地为基础逐渐展开。“城市是区域的婴儿，区域是城市的母体”。研究城乡风貌建设，应从城乡所在的区域环境入手。城乡特色景观风貌研究的主要任务是发掘地域特色文化景观资源，研究区域景观差异，寻找城乡的区域景观特质，从区域的角度找到城市的独特定位，科学确定城市的性质、功能，认识城市的性格、风格、品格，为城市特色景观风貌研究提供理论支持。[1] 一个地区外在的风貌特色可以被效仿，但其内在的文化特质是无法复制的。一个地区的历史与文化构筑了这里的地理文化，通过研究地理文化，可以找出地域文化的认同感，将大地文化景观加以提炼，确立城乡应该代表区域性特色的地域城市景观，塑造城乡特色景观，为地域特色风貌塑造研究找出文化深层次根源的依据。此外，城乡风貌的塑造同时也是在为城市创造一种无形的消费品，良好的城乡风貌会引导人们追求更高层次和质量的消费方式。具有良好文化内涵的城乡风貌能够提高消费中的文化含量，提高消费层次和质量，从而促进社会经济的发展，进而推动城乡风貌建设的进一步深化和发展。[2]

3.5 本章小结

本章首先通过相关理论的研究和总结，在城市风貌空间结构的基础上提出城乡风貌空间结构体系，并对城乡风貌圈、城乡风貌区、城乡风貌带、城乡风貌核和城乡风貌符号的研究尺度和构成要素进行了界定。并按照构成要素的类型将城乡风貌特色要素分为自然要素和人工要素，提出了风貌特色的定位、保护、表述和创新的方法。最后，从系统观、自然观、生态观、地域观、经济观、社会观和文化观等方面拓展了城乡统筹背景下城乡风貌特色规划的思路。

---

[1] Musacchio Laura R. The ecology and culture of landscape sustainability [J]. Landscape Ecology, 2009 (24): 989-992.

[2] Stephenson J. The cultural values model: an integrated approach to values in landscapes [J]. Landsc Urban Plan, 2008 (84): 127-139.

第4章

城乡统筹背景下城乡风貌规划系统构建与规划策略

城乡风貌构建是指为实现城乡风貌特色的总体定位，通过对城乡区域内的文化、经济、社会等风貌影响因素进行分析，研究城乡风貌系统的内部组织结构和城乡风貌要素的功能联系和风貌特征差异，并在此基础上进行城乡风貌区、城乡风貌片区和城乡风貌特质区域的划分，以及制定各种层次、各种类型城乡风貌廊道的控制发展策略。

在对城乡风貌进行规划时，首先应明确城乡风貌规划的目标和意义，这要求管理者和规划设计人员对城乡风貌的价值有充分的认识。概括来讲，城乡风貌系统作为地域文化和历史遗产的承载者具有显著的人文价值和社会价值；城乡风貌系统拥有大量的审美要素，具有显著的美学价值；城乡风貌系统涵盖大量的自然生态要素，具有显著的生态价值；同时由于现代城乡风貌系统中具有各类生产景观和经济活动，使得城乡风貌具有显著的经济价值。城乡风貌系统的价值也就是城乡风貌系统的功能，在城乡风貌的构建中，应在总体风貌规划和分区风貌规划的基础上，按照各系统的主要功能进行分系统控制引导，以形成总体和谐、特色突出的城乡风貌形象。

4.1 城乡总体风貌规划

城乡总体风貌规划的主要内容是在城乡范围内依托现有的风貌特色资源，对风貌特色资源进行提炼，将整个城乡范围划分为城乡风貌区和城乡风貌片区，确定整个城乡风貌的总体风貌定位和分区风貌定位，以此作为确定城乡发展方向和进行风貌塑造的依据。

4.1.1 城乡总体风貌规划的依据

在进行城乡总体风貌规划时，首先应对规划区域的历史演进过程、城乡空间结构、区域交通组织、生态基础设施网络以及当前及历史相关经济社会发展规划进行解读。在此基础上进行不同城际间的比较，以此指导城乡总体风貌规划合理、有效地进行（图 4-1）。

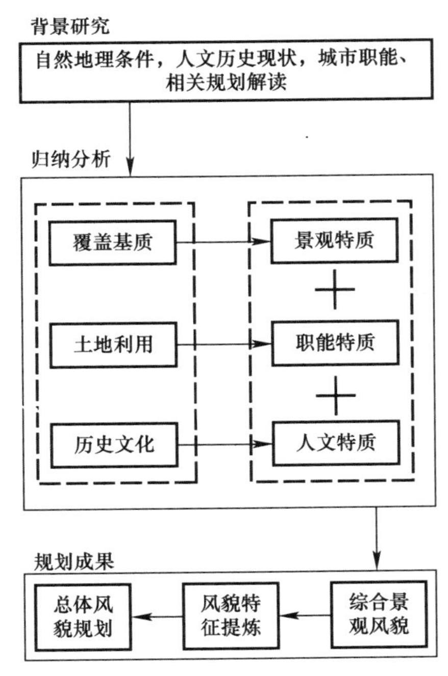

图 4-1 城乡风貌分区研究框架

4.1.1.1 城乡历史演进的分析

对城乡历史演进的研究主要包括分析研究区域内城市、乡村在区域内的政治地位、空间位置和内部空间形态变化的历程，山水格局的变化以及农业经营区域经营作用和经营模式的变迁。[1] 通过对城乡历史演进的分析，可以理清城乡发展脉络，有效预测城乡空间发展变化趋势，为城乡总体风貌定位和创新提供必要的依据。

---

[1] Bürgi M，Russel E. W. B. Integrative methods to study landscape changes [J]. Land Use Policy，2001 (18)：9-16.

4.1.1.2 城乡现状的研究

（1）自然地理条件　　自然地理条件是城乡风貌构建的背景，自然地形地貌、地质水文、气候条件、山水植被是人类开展建设活动的自然基质。这些要素在一定时空范围内具有相对稳定性，有时甚至成为城乡风貌特色塑造的决定因素。自然地形地貌制约城市和乡村的建设用地布局，地理气候影响着建筑单体的风格样式和建筑群体的布局形式，山水植被为人类的各类建设活动提供原材料和居住环境。总而言之，自然地理条件是城乡风貌特色形成的先决条件，在城乡风貌规划中，应充分解读所研究区域的自然地理条件，提取区域特有的自然地理要素作为城乡风貌特色塑造的依据。

（2）人文历史现状　　按照“相继占用”（Sequent Occupancy）学说的观点，“地表上任何地区的自然环境是中立的，但是在分别有着不同文化背景的民族进入后，就会产生不同的人文景观，出现区域差异”❶。由此可见历史文化因素对城乡风貌的影响是极其深远的。不同城乡区域有不同的发展历程、社会组织结构、宗教信仰和民俗风情，这些历史文化因素随着社会的发展变迁而不断地更新，深深地影响着当地居民的思想意识形态和生活习惯。在城乡风貌规划中应深入发掘城乡区域内人文历史因素，对区域内遗留下来的历史文化名城、名镇、名村、历史街区、历史建筑以及历史遗址等进行重点保护，同时对区域内的文化脉络进行梳理，保护和培育优秀的民俗风情，以形成地域特色浓郁、文化氛围浓厚的人文历史风貌。

（3）城乡空间形态　　城乡空间形态是包括城市、乡村在内的人类聚居群落之间，以及人居聚落与周围其他功能单元之间的空间布局和联系网络。同时，它还包括各类功能单元内部的联系通道、要素组织结构等。❷ 在漫长的发展历程中，无论是城市、乡村，还是自然群落，都在发生着变化，其内部的构成要素无时无刻不在进行着更新和演变，但各功能单元之间以及内部组成要素的空间序列和有机联系网络构成的基本骨架在一定的时空范围内具有相对稳定性，这些相对稳定的背景要素成为我们构建城乡风貌格局，划分城乡风貌区的重要依据。

（4）城乡土地利用现状　　城乡土地利用现状分析评价主要是分析城乡现状用地性质、土地环境承载力和适宜性。对城乡现状用地性质进行分析可以明确城乡现状的景观风貌构成，这是城乡风貌特征区划的基础。

4.1.1.3 相关规划的解读

城乡风貌系统是发展变化的复杂体系，与其他各类城乡规划具有一脉相承的特点。在进行城乡风貌规划时，应从以往的城乡规划出发，参考各类规划中有关城乡职能定位、经济社会发展目标、空间形态布局意向、生态环境建设目标等方面的规划构想和实施措施，并在这些目标的基础上从城乡风貌的角度进行发展和升华。这样做既可以更好地贴近实际，又可以保证城乡规划的可操作性。

---

❶ 彭青. 武汉市景观地域体系研究 [D]. 武汉：武汉大学，2004.

❷ Marc Antrop. Changing patterns in the urbanized countryside of Western Europe [J]. Landscape Ecology, 2000 (15): 257-270.

4.1.2 城乡风貌特质提炼

城乡风貌特色归纳是在城乡风貌现状研究基础上提出的，归纳分析的目的在于进一步提炼城乡风貌的特色。对城乡风貌特色进行归纳分析是从覆盖基质、土地利用和历史文化三个方面进行分析[1]，并在此基础上进行主题提炼，为下一步的风貌区确定和风貌控制导引提供依据。

4.1.2.1 城乡景观特质提炼

城乡景观特质的提炼是对城乡覆盖基质进行分析归纳。城乡覆盖基质主要是指城乡用地范围内地表上覆盖的自然植被、山体河流、人工建（构）筑物等，这些要素是决定城乡景观风貌特色的重要因素。通过对城乡覆盖基质的分析归纳，可以提炼出城乡空间骨架系统，并可以初步确定城乡景观特质，在此基础上通过不同城乡间和城乡内部不同区域的景观比较，确定总体景观特色和分区景观风貌特色。

4.1.2.2 城乡职能特质提炼

城乡职能特质提炼是对城乡土地利用状况和产业分布进行分析归纳。城乡土地利用状况在一定程度上反映出不同地区的主要职能，并体现着城乡范围内的产业分布特征。例如工业用地可以体现地段的产业职能，行政办公用地可以反映地段的政治职能，林业用地可以反映地段的生态职能。通过不同地域用地类型的比较和同类用地比例和规模的比较，可明确区域主要职能，并进一步通过对城乡用地类型、规模和比例的控制来强化区域的风貌主题。

4.1.2.3 城乡人文特质提炼

城乡人文特质提炼是在对城乡人文历史现状分析归纳的基础上进行的。城乡文化历史资源的类型决定着城乡人文特质的类型，城乡历史文化资源的分布密度决定着城乡人文特色的强烈程度。[2] 对城乡范围内不同历史文化资源的价值和影响程度进行比较，可以确定城乡人文风貌的定位；对城乡范围内历史文化资源空间分布和密度的研究可以确定城乡范围内的人文景观结构。

4.1.3 城乡总体风貌规划策略

城乡风貌是由各种风貌要素和风貌系统组成的复杂系统，我们应充分认识到风貌系统的等级结构和各组成要素的风貌特性。因此，城乡风貌特色的塑造应遵循“总体调控、分区突出倾向、局部彰显特色的原则”[3]，即在城乡总体风貌结构规划中应遵循系统整体性和要素异质性原理。城乡风貌结构是一个复杂的巨系统，在总体风貌特色塑造过程中应突出风貌的均质性，过多的异质性因素存在会造成凌乱感和不协调感，不易于形成完整的风貌

---

[1] Olaf Bastian，Rudolf Kronert，Zdenek Lipsky. Landscape diagnosis on different space and time scales a challenge for landscape planning [J]. Landscape Ecology，2006 (21)：359-374.

[2] Owen J. Dwyer，Derek H. Alderman. Memorial landscapes：analytic questions and metaphors [J]. GeoJournal，2008 (73)：165-178.

[3] 王建国. 城市风貌特色的维护、弘扬、完善和塑造 [J]. 规划师，2007 (8)：5-9.

形象，应发挥整体大于局部之和的规模效应。在注重整体性和均质性的同时，应看到风貌各组成要素之间的异质性，如果过分强调风貌的均质性容易使整个风貌区域给人一种平淡无奇的感觉，会降低体验者的兴奋度和归属感。在实际的规划实践中应协调整体性和要素异质性的关系，控制区域内异质性要素的比例。

4.1.3.1 城乡总体风貌分区

在对城乡风貌进行分区时，应采用风貌特色要素分层级分类比较的方法。城乡范围内风貌特色要素的类型多种多样，自然原野区域同人工建设区域，城市建设区域同乡村建设区域之间风貌特色要素的类型有很大差别。在不同区域的风貌定位时，应借助资源丰度的研究方法，确定不同区域的核心特色要素，常用的办法是采用地均资源占有量或人均资源占有量来确定区域内主导风貌要素，以此作为各区风貌定位的主要依据。[1]

（1）特征鲜明的城乡总体风貌区划　在实际风貌分区时首先应对城乡覆盖基质和土地使用性质进行梳理，将城乡用地大致分为林地、灌木林地、其他林地、果园、基本农田、一般农田、城乡建设用地、水域、道路交通用地、其他用地等。在明确土地使用性质的基础上，按照各基质所承担的主要职能和景观特征进行城乡总体风貌分区，该类划分方法可以保证在用地性质相对单一的情况下，实现各景观风貌区空间形态的相对完整。例如在《北京昌平城乡特色风貌控制规划》中，笔者采用上述研究方法将整个昌平城乡区域划分为山体生态风貌区、农林经营风貌区、风景旅游风貌区、城市建设风貌区、重点乡镇风貌区及重点产业风貌区（图 4-2）。以下通过简要介绍昌平城乡特色风貌控制规划中确定的各个风貌区的特征及风貌控制目标来进一步说明各城乡风貌区的划分依据和规划重点。

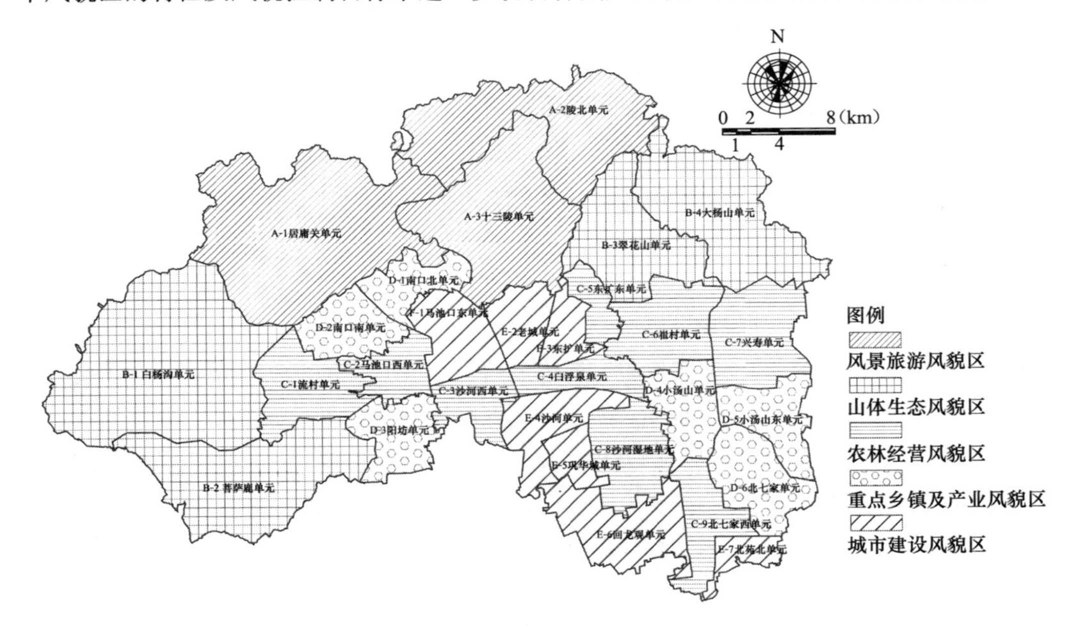

图 4-2　北京昌平城乡特色风貌控制规划基本风貌分区图

[1] R. Lafortezza，R. D. Brown，A Framework for landscape ecological design of New Patches in the rural landscape [J]. Environmental management，2004，34 (4)：461-473.

① 保护宜人的原始生态风貌　原始生态风光主要存在于城市外围山体生态风貌区内。山体生态风貌区主要是指地形较为复杂，地势起伏较大的山区。该类风貌区内主要以连绵的山体、顺应地势的河流水系和依附于山体生长的自然植被等生态特色要素为主，该类型风貌区的主要职能是生态涵养职能，从审美心理学的角度来评价，体现原始自然风貌。在具体的风貌控制中应通过自然植被的保护和培育来强化整个自然山体的形态和保持区域内的生物多样性；通过旅游线路和旅游资源的发掘来展示此类区域的景观风貌特色。

② 塑造优美的田园景观风貌　田园风光通过城市建设区外围的农林经营风貌区来展现。农林经营风貌区是指地势较为平缓的农业种植区域，该类风貌区以粮食作物种植（图 4-3）、果木种植（图 4-4）、畜牧养殖（图 4-5）和水产养殖等农业活动以及被农林种植区域包围的农村居民点为主。该类型风貌区表现为人类为生存和发展，对自然环境进行改造所呈现出的人工自然风貌。在具体的风貌控制中应将农业生产和乡村旅游业的发展紧密联系起来，强调农业功能多元化，在保证农林作物产值的基础上，在农业种植区内建设发展各类农业观光园、采摘园、农业创意文化园等，丰富农林经营风貌区的内涵。

图 4-3　粮食作物种植景观

图 4-4　果木种植景观

图 4-5　畜牧养殖景观

③ 培育景致宜人的风景旅游风貌　景致宜人的风景资源给人美的享受和体验，城乡范围内风景资源最为突出的地方当属风景旅游风貌区。风景旅游风貌区是指自然风光秀

美、人文历史资源丰富的区域，该类型风貌区往往依托现有的各类风景旅游资源开展各类观光体验活动，成为城乡居民游憩的主要目的地和促进地方经济发展的重要影响因素。该类型风貌区内特色要素资源丰度较高，成为城乡范围内的景观风貌核。在具体的风貌控制中应同区域内其他风景旅游区进行特色资源比较，进行不同的主题定位。建设和保护活动围绕风景区的主题定位展开，通过旅游资源的整合强化主题定位，通过游览线路的组织和观赏点的设置来组织风景旅游风貌区的感知体验系统。

④ 打造繁荣舒适的现代都市风貌　交通便捷、经济繁荣、生活便利是现代都市生活的象征，而现代都市生活特征集中体现在城市建设风貌区内。城市建设风貌区主要是指区域内人口高度密集、建设开发强度较强的区域。该类型风貌区作为区域内政治、经济、文化中心，土地开发强度较大，建筑以多层和高层为主，商业发达，交通便利。该类型风貌区内特色要素主要以人工建筑和人工绿化植被为主。在具体的风貌控制中应通过特色要素比较来确定城市的主题定位，城市建设活动和产业发展方向应围绕城市主题定位展开。例如在南京城市风貌建设时，首先将其同周围其他城市进行比较，可发现它的特色在于它是江苏省的省会和历史文化名城，在城市风貌的塑造过程中应体现省会城市的大气和历史文化名城的厚重感，在街区的尺度、建筑的体量、色彩，景观视线、视廊的设置等方面都要进行相应的控制。

⑤ 建设经济繁荣的产业风貌　产业风貌区是城乡范围内产业特征较为明显的区域，是指以某一种或相互关联的某一类或某几类产业发展为主，在具体的风貌控制中应合理选择区域内产业类型和产业连接关系。产业风貌区内的建设活动主要围绕产业发展展开，建筑的空间布局应在满足生产、科研等产业活动的前提下做到布局紧凑合理、建筑风格和环境布置方面应具有明显的产业风貌特征，力求塑造经济繁荣、现代产业风貌特征明显的风貌特征区域。

不同地域的地形地貌、自然植被、经济发展和社会文化等资源分布存在很大差异，具体的城乡风貌区划分类型也存在很大差异，但分类的方法和策略基本类似。应以当地实际条件确定分类的主要依据，并进一步有所侧重地提出风貌控制和引导。

（2）合理高效的城乡总体风貌控制策略　在划分城乡总体风貌分区的基础上，为有效地对每个风貌区进行综合全面的控制导引，突出区域风貌特色形象，可以通过部分土地使用性质调整和产业结构优化，确保风貌区的风貌特征，同时通过合理有效地组织风貌区的文化景观、开敞空间、色彩规划、开发强度管制来优化风貌区的空间结构，最终形成特征鲜明的风貌区。

① 有机整合城乡用地布局　土地要素是城乡范围内决定风貌特色的重要影响因素，土地利用方式不同决定着地表覆盖基质类型存在很大差异，而地表覆盖基质是城乡风貌特色的外在表现形式，更深刻影响着覆盖范围内经济产业结构、人的行为模式和设施类型。例如耕地地表覆盖基质主要为粮食作物，人类活动主要围绕农田耕作展开，设施主要以田间道路和灌溉水渠为主；而城市建设用地地表覆盖基质主要为人工建筑，人类活动主要围绕第二、第三产业等经济活动展开，设施主要以道路和公共服务设施为主。

由此可见，土地使用性质在很大程度上决定该用地的风貌特征，因此应在城乡风貌分区定位明确的基础上，对各区起决定作用的核心风貌要素的用地性质进行归纳总结，在城乡范围内对各类用地进行合理布局，在各风貌区内部确定主要的用地性质，对其空间位置和用地比例进行适当的控制和引导。

② 组织高效协调的城乡产业布局　城乡产业和城乡风貌是相互影响和相互促进的，城乡产业的结构在很大程度上决定城乡风貌的结构，城乡经济的发展可以促进城乡风貌规划的开展，而良好的城乡风貌可以为产业提供良好的发展环境，成为推动产业发展和吸引外力投资的强大动力。

城乡产业类型的选择在很大程度上取决于区域的资源丰度和地理位置优势。产业类型的选择影响城乡用地布局，并进一步影响着城乡风貌特征。例如某一地区以发展旅游业为主，其发展策略和建设活动则应侧重旅游资源的保护与设施建设，这类地区往往以其丰富的历史文化资源、优美的景观环境资源作为核心风貌特色要素。

因此，在城乡风貌分区定位明确的基础上，应确定与地区风貌定位相协调的主导产业，并建立与主导产业密切联系的辅助产业，通过高效协调的产业协调机制来强化风貌区的特征。

③ 规划特征鲜明的风貌感知路径　风貌感知路径是人们感知城乡风貌的主要方式，在风貌感知路径两侧分布着大量的风貌特色要素。城乡范围内的风貌感知路径主要由实体风貌廊道和视线通廊组成。实体风貌廊道主要由各风貌区之间和风貌区内部的风貌廊道组成。风貌感知路径通常包括铁路、公路和河流等线性要素。

各风貌区之间的风貌廊道在某种程度上也是各城乡风貌区之间的划分边界，随着空间的变化，风貌廊道会经过不同的风貌特征区域，从而在廊道两侧表现出不同的风貌特征，它是感知整个城乡风貌的重要途径。这类风貌廊道的选取应在城乡风貌分区要素中选择那些位置适宜、沿途风貌特色要素丰富、联系风貌区个数多的线性要素。

各风貌区内部风貌廊道是指那些两侧风貌要素聚集、资源丰度高的线性要素。该类型风貌廊道两侧风貌特色要素的类型比各风貌区之间的风貌廊道少，但是风貌个性较为强烈。例如高科技产业园区内部主要交通道路两侧分布着大量的科技研发单位，成为园区同外界进行物质、能量、信息流动的重要途径，也成为展现园区产业风貌的重要廊道。通达性和特色资源丰度是影响此类风貌廊道选取的重要因素。

视线通廊设置是保证风貌特色要素可见性的重要手段，可以增加风貌感知的深度和广度。在具体风貌控制中应对前景要素的遮蔽度进行控制，避免前景要素过高或过宽时，观察者的视线无法观赏到中景和背景要素。

风貌感知路径既可以起到明确城乡风貌区边界的作用，又可充分展现区域内城乡风貌的特征，正确选择和保护城乡范围内的风貌感知路径，是城乡风貌区规划控制的重要内容。

4.1.3.2　城乡风貌片区的划分

（1）城乡风貌片区划分的影响因素　城乡风貌特色具有领域性，不同空间范围内的城乡风貌特征不尽相同。“在一个大领域（系统）中不是特色资源的城市要素有可能在一个小领域（系统）中成为特色资源，而在一个小领域（系统）中的特色资源在一个大领域

（系统）中可能是特色资源，也可能不是特色资源。”❶ 为了更为合理有效地控制管理城乡风貌，在城乡总体风貌区划的基础上还需进一步将城乡总体风貌区划细分为城乡风貌片区。在对城乡风貌片区进行划分时，根据不同的影响因素来确定风貌片区的边界范围，最为常见的影响因素包括行政边界、地形地物边界及用地边界等。

行政边界是国家为行政管理需要而进行的行政区域划分的界限，是综合考虑“经济联系、地理条件、民族分布、历史传统、风俗习惯、地区差异、人口密度等客观因素”❷ 而划定的。行政边界范围内往往具有相同或相似的社会、经济、文化发展状况和发展目标，区域内景观风貌特征较为相似。

地形地物边界包括区域内的地形高差、主要道路、河流、堤坝、围栏等边界要素，这些要素是影响区域内物质、能量、信息流通的重要因素，进而影响区域内某类特色资源的丰度。

用地边界是指在用地性质大类基础上细分的用地中类或用地小类的边界。例如工业用地可以进一步细分为一类工业用地、二类工业用地和三类工业用地。

（2）定位准确的城乡风貌片区　因为城乡风貌特色具有层次性，同样的，城乡风貌分区也具有层次性，因此，在实际规划实践中还需对上一层次总体风貌分区进行更为细致的划分。具体方法是在每个风貌区内部采用同类比较的方法，综合考虑各类边界影响因素，将城乡总体风貌区细分为城乡风貌片区。例如在山体生态风貌区内，由于各部分地势存在差别，可以根据地势高低分为生态山体风貌区、山前经营风貌区、山区谷地风貌区，同时由于自然山体内常常存在大量的风景旅游资源，有些山体生态风貌区内往往还包含生态旅游风貌区；又如在城市建设风貌区内，由于以往的规划方法强调功能分区，导致城市内部各片区的主要职能存在很大差异，使得城市建设风貌区内常常可以细分为科技研发风貌区、高等教育风貌区、加工制造业风貌区等风貌片区。

（3）目标明确的城乡风貌片区控制策略　城乡风貌片区的引导方法类似于城乡总体风貌区的控制引导，引导通过强调不同风貌片区的功能和地位之间的差异性，确定城乡风貌片区的控制重点。由于城乡风貌片区在规模尺度上较城乡风貌区小，特征更为明显，因此控制内容较城乡风貌区的控制内容更为详细，具有更强的可操作性。通常情况下对城乡风貌片区的风貌控制主要包括以下几个方面的内容：

① 片区风貌格局的梳理　在风貌特色保护中，应树立正确的保护观念。对风貌特色的保护不仅应该保护那些已被确定为历史文化遗产的文物古迹和特色的景观资源，还应保护片区的传统肌理。有特色的风貌片区往往由适宜的街区尺度、合理的要素组合形式和特色活动内容组成，这些要素构成了片区的特质景观。

保护片区的特色风貌格局首先要树立有机更新的理念，在保护特色肌理的前提下，对片区进行渐进式保护和开发。深入研究街区的空间形态和尺度、村落与河流之间的位置关系，农田路网的组织形式等决定片区肌理的特性要素，逐步去除对整体风貌特色产生破坏

---

❶ 余柏椿. 非常城市设计——思想·系统·细节 [M]. 北京：中国建筑工业出版社，2008.

❷ http://baike.baidu.com/view/257295.html[OL].

的要素，整治风貌特色边界要素，形成特征鲜明、尺度适宜的风貌特色边界。

在对片区风貌格局进行梳理时，应在保持特色肌理的基础上，合理地保护和开发片区的重要资源要素，片区内重要资源要素往往成为决定片区产业结构、文化基调和环境特色的决定因素，是确定各片区风貌主题、进行风貌定位的重要依据。合理保护和开发风貌片区内重要资源要素可以保持片区的原真性、增强片区活力。在保护和开发过程中应提取片区重要特色要素，并保持其原真性，对于风貌特色不鲜明的一般性要素，可以进行适当的功能更新和形象改造，在特定的场所增加与整体功能相符合的活动内容，增强整个片区的活力。

② 塑造具有地域特色的人工建筑风貌　建筑风貌是城市和乡村等人工建设区域内的主要风貌要素。建筑风貌的地域特色要求建筑风貌不但应具有传统的地方特色，更应与风貌片区功能相匹配。建筑风貌引导是对建筑风格、高度、尺度等形象要素进行合理的控制引导。

建筑风格是指建筑的功能内涵和外在表现，通过建筑的空间布局、处理手法和艺术表现形式等表现出来。建筑是技术和艺术的结合，是功能和形式的产物。建筑具有明显的地域性，建筑屋顶的样式和门窗开口样式在很大程度上取决于当地的自然气候条件，如在北方寒冷地区，为了避免屋顶积雪，传统建筑常常以坡屋顶为主（如图 4-6），同时为避免冷空气的进入，北方住宅的房屋较为封闭，开窗也较南方小。由于受当地可利用建筑材料的限制，建筑的结构和材料具有明显的地域特征，例如在我国南方部分山区，由于石料资源丰富，村民住宅常利用当地的石材作为建筑的基础、墙体，住宅院落也通常使用当地石材围合（图 4-7）；而在北方平原地区，传统住宅墙体通常采用黏土砖砌筑。在对建筑风格进行控制引导时应以建筑所处的自然气候条件为依据，在保护资源和环境的基础上广泛地应用当地的建筑材料，通过对建筑的门窗样式和屋顶形式提出风貌引导策略，建设通风、采光良好、保温节能的地域特色建筑风貌。此外，须指出的是对建筑风格地域性塑造的过程中，不一定完全照搬照抄传统的建筑样式，可以通过风貌特征提炼，将传统建筑样式进行演变，或通过特殊建筑符号的运用来实现建筑风貌的地域特色。

图 4-6　东北地方民居

资料来源：《游遍中国》

图 4-7　南方石屋

资料来源：《中国古镇图鉴》

建筑的存在本质上是由其功能性所决定的，建筑的功能更进一步影响和决定建筑的形式。早期人类为躲避风雨、逃避野兽侵袭而进行居住建筑的建设；由于人类需对生产资料和劳动产品进行储藏而出现仓库等仓储建筑；伴随工业社会的到来，工业厂房和生产车间等工业建筑应运而生；随着现代商业和商务办公行业的发展，大体量商业建筑和高层办公建筑被大量建造。建筑的高度、体量在一定程度上是建筑功能的外在表现形式。建筑的布局形式在保证舒适宜人环境的同时，更进一步满足了人类各种生产活动的需求。塑造具有地域特色的建筑风貌，首先要对风貌片区主要职能和各类型职能单元的活动行为模式进行深入研究，使建筑的布局形式、体量、高度等形体要素与各风貌片区的主要职能需求相协调，起到强化各片区风貌特征的作用。

此外建筑色彩是决定建筑风貌最直观，也是最具有记忆特征的风貌要素，除上文提到的对影响主色调的屋顶和墙体颜色进行控制外，还要进一步确定门窗、檐口、栏杆构件等设施构件的色彩，形成主体色彩统一、辅助色彩丰富协调的建筑风貌特色。

③ 规划主题明确的环境设施景观系统　　各片区的环境设施景观是由市政公用设施、信息展示设施、园林游憩设施等组成，这类设施广泛分布于城市、乡村以及其他特殊的城乡功能地区，是维持城乡系统正常运转的重要辅助系统。由于环境设施分布范围广、涉及种类多，也是展现城乡风貌的重要风貌特色要素。

环境设施具有一定的功能，包括使用功能、观赏功能等。这些设施的分布状况由其所属片区的主导功能决定。例如在风景名胜区内园林游憩设施分布较密集，而在商业中心区广告、招牌等信息展示设施的形象则更为突出。在对城乡环境设施景观风貌进行控制引导时，首先应根据片区的主导功能和风貌定位，决定片区内环境设施的种类、主题、分布状况，以及各类环境设施之间的相互组合关系。

不同的环境设施在色彩、材质、体量等方面存在一定的差异，从而导致不同环境设施在景观视觉形象、使用舒适程度等方面存在很大差异。例如一把椅子如采用木材质则给人亲近自然的感觉，若采用金属材质则给人以机械美的感觉。再如，同样是人体雕塑，当其放在纪念性广场中心时，便应以超出人体正常的尺度出现，以突出其纪念意义，使人产生敬畏之情；当其布置于街区游园内部时，则应以接近人体正常尺度出现，烘托游园内部亲切宜人的环境氛围。在环境设施的景观风貌塑造过程中应对各类环境设施的色彩、材质和体量进行统一规划控制。在各个环境设施系统内部做到风格统一，同时不同环境设施系统间和不同主题环境设施间应通过色彩、材质和体量方面的对比，强化不同环境设施在使用功能和视觉形象方面的差异。

4.2　城乡文化景观风貌系统

4.2.1　城乡文化景观风貌的内涵

地域文化是一定时空区域具有的文化个性，它是人类在长期利用自然、改造自然的过程中逐渐积淀下来的，渗透到生活方方面面，深刻地影响着城乡生活习俗、思维方式、社会政治、宗教信仰、服饰语言、建筑布局等。

文化景观作为地域文化的载体，是地域文化对城乡区域影响结果的主要表现形式。作为城乡风貌的重要组成部分，文化景观具有提升城乡风貌文化品质和精神内涵的作用。文化景观在不同时代、不同地域表现为不同的特征。按照不同的分类方法，文化景观的内涵也有所不同：根据文化景观的外部表现形式可分为物质文化景观和非物质文化景观；按照文化景观区域的城市化程度可分为城市景观、近郊城镇景观和远郊乡村景观；按照文化景观产生的年代可分为历史文化景观和当代文化景观。虽然不同时空条件下的文化景观具有一定的差异性，但各地的文化景观也具有一定程度的相似性，例如文化景观表现形式就具有相似性，因为"文化景观的变化主要表现在聚落形式、土地利用类型和建筑等方面。"[1]所以，在具体城乡文化景观风貌系统的构建时，应抓住不同文化景观元素的共性，合理地引导城乡文化景观风貌。

4.2.2 城乡文化景观风貌系统的结构特征

城乡文化景观的分布同城乡职能结构体系一样，具有等级结构和空间层次。城乡文化景观风貌系统由各种规模和特质的文化风貌圈、文化风貌区和文化风貌核以及文化风貌带组成。[2]

在城乡文化景观风貌系统中整个城乡风貌区域受某一两种主体文化的影响，表现为较为单一的文化风貌圈。同时，由于中华文化博大精深，同一区域内由于城镇规模和地理环境等因素的影响，各地在主体文化的引领下，表现为不同文化风貌区，其中大中城市文化景观元素较为集中，表现为传统文化与现代文化并存的文化风貌特质；乡镇及农村的传统文化景观元素保留较为完整，表现出强烈的传统文化风貌特质；历史文化名城、名镇、名村、历史遗址等区域，由于文化元素集聚、文化符号密集而具有强烈文化风貌核的特征。[3] 此外，在我国历史发展过程中，由于对外贸易、文化交流、经济发展和某些特殊原因，形成诸如丝绸之路、京杭大运河、万里长城等具有明显线性特征的历史活动，这些线性的历史活动对周边区域的历史文化和产业经济都产生过深远影响，其周围的影响区域内将出现文化景观元素聚集，这些线性区域往往作为文化景观风貌系统中的文化风貌带而存在。

4.2.3 城乡文化景观风貌特色的规划对策

4.2.3.1 树立文化景观风貌体系的整体观念

城乡文化景观风貌特色的塑造是要深入挖掘城乡地域的文化特质，合理地保护和开发城乡历史文化遗迹、民俗文化遗产、文化体验路径和文化性标识等文化景观风貌载体。

---

[1] 汤茂林. 文化景观的内涵及其研究进展 [J]. 地理科学进展，2000 (1)：70-79.

[2] Nassauer J. I. Culture and changing landscape structure [J]. Landscape Ecology，1995 (10)：229-237.

[3] 鈴木賢次. 東京都東久留米市柳窪地区に残る武蔵野の景観 (II)：土蔵の形式と特徴について [J]. 日本女子大学紀要. 家政学部，2010 (57)：117-129.

但是在以往的历史文化资源保护中，过多强调对保护对象划定明确的保护范围，对保护范围内各类建设活动进行控制，这种方法在对历史建筑、历史街区等小范围规划中使用较为合适，但对于城乡文化景观风貌体系来说，其研究对象往往拥有较大的尺度，这时便要树立以地域观为基础的宏观概念。例如在传统文化景观风貌资源的规划过程中，我们不应拘泥于对其中一个传统聚落或旅游景点的规划及保护，而应将整个区域内的所有风貌资源要素看作一个统一的整体，在强调个体的规划同时，更应强调整体风貌格局的建立。

4.2.3.2　加强对重要文化景观风貌特质区域的保护

在城乡区域文化景观风貌的塑造中，其保护的对象具有多样化的文化内涵、丰富的外在表现形式，以及不同时间跨度等特点，与单一历史遗址文化景观的保护有较大的不同。因此更应注重其文化景观资源的原真性，采用因地制宜的方式，根据文化景观资源不同的特点，实施差异化规划策略。

(1) 历史文化保护和开发对区域风貌的影响　　城乡区域内历史文化载体是在历史发展过程中发生过特定的历史事件、与重要历史人物和人类活动相关的历史遗存。这类文化载体本身对当今社会发展不再起重大影响，但对区域文化景观风貌具有重要影响。为了塑造区域文化景观风貌，不但要保护历史遗址本身，更应保护与其长期共存的环境，在历史遗址周边划定一定的地域范围，对其周边环境内的建设活动进行相应的控制，使其整体风貌基调与历史遗址相协调。[1] 对历史遗址整体环境的保护主要表现为“通过文化盘点了解现有的文化价值总量”[2]，保护其自身的文化存量，在不破坏现有状况的基础上，采取必要保护措施，防止历史遗址遭到进一步的自然和人为破坏。例如山东省济宁市的中华文化标志城的规划，依托曲阜、邹城两座国家历史文化名城，以“四孔”、“四孟”等古文物、古遗址为载体，以把两座国家历史文化名城融为一体为建设方向，精神文化和历史遗存有机地结合，使儒家文化和具有古朴民风民情的梁祝文化、水浒文化、运河文化相互融合，与曲阜、邹城等城市一起形成了独特的城乡区域文化景观风貌。

(2) 用保护和创新的方法体现历史文化空间的文化特质　　城乡范围内的历史文化空间包括历史文化名城、名镇、名村以及传统的历史街区。这些历史文化空间无论是在过去还是现在都在社会生活中承担着一定的社会功能，这些历史文化空间风貌环境的形成，主要是受其内部职能和使用者行为方式影响的。这些空间随人类社会的发展在保持原有风貌特征的同时，不断丰富着自身的内涵，使之在区域风貌体系中发挥出特有的意义。

在历史文化空间的保护和创新活动中，应对能够体现历史文化空间文化特质的文化符号、特殊活动、空间肌理等进行提取，在发展过程中注意对传统文化物质载体的保护和非物质文化活动的传承；同时对历史文化空间的功能进行更新，对传统建筑形式和空间布局样式进行合理的创新，使其适应现代社会的发展，在保留传统肌理和场所氛围的基础上，

---

[1] Charlotte E. Gonzalez-Abraham, Volker C. Radeloff • Roger B. Hammer, Todd J. Hawbaker, et al. Building patterns and landscape fragmentation in northern Wisconsin, USA [J]. Landscape Ecology, 2007 (22): 217-230.

[2] 黄瓴，许剑锋. 保护与建构城市空间文化的对策与途径 [J]. 重庆大学学报，2008，14 (3)：14-17.

突出其在城乡区域内所表现的历史文化内涵。❶

昆明理工大学建筑学系的王冬教授等在对楚雄彝族建筑特色（图 4-8）进行研究时，运用“解剖与分析传统建筑—抽取与确定系列模式语言—分析与论证系列模式语言的现代适宜性—实践与运用：当代建筑的再阐释”❷ 等方法分析论证了楚雄彝族建筑模式语言的特色传承和创新应用方法。

（*a*）彝族特有太阳历图腾柱

（*b*）彝族图腾符号

（*c*）彝族民居建筑群

图 4-8　楚雄彝族小镇

资料来源：http://www.dahe.cn/xwzx/zt/gnzt/wlmtynx/zxbd/t20060909_653095.htm[OL].

在历史文化空间的保护和创新活动中，存在自然要素和人工要素的融合，因此对历史文化风貌规划中应充分认识这些要素的变化规律，确定其中可变要素和不可变要素。对于不可变要素要及时进行保护和修复，而对于可变要素应在充分分析及科学规划的基础上，合理地引导景观风貌规划。

（3）对传统文化遗产实施“活态”的保护方法　　农村群落文化资源在文化景观风貌带中分布较广泛且保持持续发展。有些传统居民聚落在历史发展过程中由于受到特定民族

❶ Itziar de Aranzabal，Marı'a F. Schmitz，Francisco D. Pineda. Integrating Landscape Analysis and Planning：A Multi-Scale Approach for Oriented Management of Tourist Recreation [J]. Environmental Management，2009 (44)：938-951.

❷ 王冬，刘洪涛等. 一个建筑地方性特色与创作研究的“实验文本”[J]. 新建筑，2003 (2)：26-28.

和区域文化的影响，产生独特的语言、服饰、建筑形态和生活方式。近年来，随着乡村旅游产业的发展，这些地区加快村落改造和旅游资源开发的进程，由于不恰当的开发利用使大量传统文化景观资源造成破坏，使得一部分传统风貌特征消失。因此，对于该类型的文化景观资源应谨慎维护其原真性，树立“活态”保护的观念，不能简单的采用设立民俗博物馆，仅仅保护传统特色建筑的“静态”做法，而应完整地保护聚落特有的人口结构、文化习俗、传统的生产生活方式。

不同的文化地域具有不同的生活习惯和风土人情。这些民俗风情是在乡村特有的生产生活环境中产生的，具有广泛的群众基础和文化根基，使得农村地域具有独特的风貌特色。如果仅仅对乡村景观环境进行改造，忽略传统民俗风情的保护，虽然可以形成良好的景观视觉形象，但却丢失了乡村传统风貌的内在精神。为了保护和弘扬乡村丰富多彩的民俗艺术，展现乡村特有的风土人情，应定期举办各种民间技艺表演和乡村才艺比赛。

对乡村传统风貌实施“活态”的保护，使文化景观资源的保护和村庄发展建设相协调，结合乡村旅游的发展，将乡村特有的传统工艺、民俗风情和表演艺术作为主要的展示对象，最终实现文化景观资源的活态保护。但同时应注意避免民俗展示活动的过度商业化，如有些区域为开展民俗旅游活动过度的装饰民俗服饰、高频率的模仿再造传统村落婚丧嫁娶、节庆祭典等特殊活动内容，使这些特殊节事日常化。这样不仅不利于人们对当地文化景观风貌的理解，而且会降低人们对传统文化的认识。

4.2.3.3　建立文化内涵丰富的文化景观风貌带

城乡文化景观风貌规划不应仅关注文物古迹、历史街区、历史文化名城、风景名胜区等点状或块状的历史文化资源，更应树立整体保护意识，从宏观上保护具有线性特征的历史文化资源。这方面国外的相关研究和实践进行得比我国早。本书借助美国遗产廊道和欧洲文化线路的相关理论和实践研究，在分析其使用范围和研究尺度的基础上提出了文化景观风貌带的概念。遗产廊道和文化线路的提出都是为了保护一定区域内的历史文化遗产，将历史文化遗产同区域景观游憩系统相结合，以实现历史文化遗产保护、区域经济振兴和发展旅游业为目的。文化线路侧重于特定文化事件对区域的影响，遗产廊道在内容界定上更加宽泛，只要是被认为具有一定价值的，不论是自然景观还是文化景观都可以包括在内。鉴于文化线路研究尺度过于宏观，远远超出了本书所指的城乡风貌的研究范畴，本书主要借鉴遗产廊道构建的相关理念，提出适宜于城乡风貌研究尺度和适合我国国情的文化景观风貌带构建策略。

文化景观风貌带作为城乡文化景观风貌构建的特殊形式，其内部包含大量相关的历史文化资源，具有鲜明的风貌特征。文化景观风貌带的构建目标是通过区域内的线性路径将散布的历史文化资源同自然风景资源有机结合起来，最终实现历史保护与休闲游憩共存、人文资源与自然生态共生的目标。下文主要从历史文化风貌节点的选取、风貌带边界的划定和游览路径的建立几个方面来论述文化景观风貌带的具体建构过程。

（1）相关重要历史文化风貌节点的提取和等级层次的建立　由于历史文化风貌节点是文化景观风貌带的核心构成要素，相关历史文化风貌节点的选取和判别成为构建文化景观风貌带成败的关键。

历史文化风貌节点的选取应紧紧把握其相关性原则，某些历史文化风貌节点可能是某一文化的“发源地、传播中的具体场所、发生重要影响的地点”[1]，也可能是某一具体历史事件的发生场地，在相关重要历史文化风貌节点的选取中，应通过查阅相关文献和实地调研，分析区域内现存各类历史文化风貌节点的建设发展历程，深入剖析其内部蕴涵的一些物质和非物质资源。分析各类历史文化风貌节点是否与文化景观风貌带的主题相关，将主题相关的历史文化风貌节点确立为文化景观风貌带的构成要素。例如在对京杭大运河遗产廊道构成要素的选取过程中，应选取那些因运河而生、因运河而发展，依托运河进行物质运输和利用河水作为生产资料的重要历史遗存。如果该遗产廊道内存在一座现代地标性建筑，但其产生和发挥作用都与运河文化的发展无关，它也不能算作运河遗产廊道的构成要素。

不同历史文化风貌节点由于产生的年代和对区域的影响作用不同而处于不同的等级层次中，对历史文化风貌节点进行等级层次的划分有助于从整体上对文化景观风貌带结构和特征进行把握。历史文化风貌节点的等级层次可以从文化价值、存在时间和空间尺度几个方面进行判别。这里所说的文化价值是历史文化风貌节点在整个文化景观风貌带中的地位和职能，对国家发展产生过重要影响的风貌节点自然比对地区发展产生过影响的风貌节点处于更高的等级层次上。历史文化风貌节点自从产生之日起便不断地向外界传播着文化信息，而且不断地从周围环境中获得资源要素，从某种意义上说，存在时间较为久远的风貌节点比存在时间较短的风貌节点对外界的影响作用更大。此外，历史文化风貌节点的空间尺度决定着其内部的文化存量，空间尺度较为巨大的风貌节点内部的文化价值量较大。同时，由于大尺度的风貌节点与外界的接触面积和接触点较多，可以向外界传播更多的文化信息。通过各种文化风貌节点重要程度的比较建立整个文化景观风貌带的等级层次结构，为下一阶段文化风貌感知路径的确立提供依据。

（2）合理确定文化景观风貌带的边界　合理确定文化景观风貌带的边界有助于对保护范围内的历史文化资源实施合理有效的保护。风貌带的边界确定受各类历史文化风貌节点的影响范围、节点的分布状况和周围景观资源状况的影响。

确立文化景观风貌带的边界应遵循异质性和联系性的原则，历史文化风貌节点功能和特征的差异性是文化景观风貌带建构的基础，通过区域内不同历史文化风貌节点的形状、功能、景观特征的比较可以确定不同历史文化风貌节点的影响边界，以此作为确定文化景观风貌带边界的基础。

由于整个文化景观风貌带具有一个或几个特定的主题，不同的历史文化风貌节点之间都存在着内在的功能联系或类似的景观特质。在确定文化景观风貌带的边界时应力求将所有功能相关和景观特征相近的历史文化风貌节点都包括在内，并通过城乡景观廊道系统将各个分散的历史文化景观节点联系起来，形成统一的历史文化风貌整体。

（3）建立文化景观风貌的感知系统　文化景观风貌连接路径是将分散的历史文化风貌节点连接在一起的重要手段，同时也是文化景观风貌带同外界进行连接的重要途径，是

[1] 李伟，俞孔坚．世界文化遗产保护的新动向——文化线路［J］．城市问题，2005（4）：7-12.

实现人们对文化景观风貌感知的手段。路径的建立可以以最大限度地串联风貌带内的历史文化风貌节点为目标，通过对原有历史路径的梳理和新路径的建立来实现包括游览路径、行车道、景观游憩道路在内的多种游览路径，使人们通过多角度、多途径实现对区域文化景观风貌的感知体验。

除此之外，文化景观风貌感知路径的建立应在强调连通性的同时突出不同路径和不同路段的风貌内涵，在具体路径的选取和建立时可选取特定视角、特定景观特质或特定历史文化风貌节点作为主要的对象，以实现文化景观风貌的丰富性。

4.2.3.4　加强对非物质文化景观风貌的运用

（1）加强对文化符号的提炼和运用　　非物质文化资源往往比物质文化资源具有更为丰富的内容和形式，对城乡文化景观风貌拥有更强的决定性，有些非物质文化资源甚至不受时间的限制，贯穿社会发展的各个时期。这种文化影响着人类的思维方式、生活习俗、建筑形态及城市布局，在很大程度上决定着文化景观风貌的表现形式，因此保持地区特有的文化原真性，塑造文化特征，对塑造鲜明的城乡物质景观风貌形象具有很大的意义。

因为非物质文化资源的不可视性和不易感知性，对非物质文化资源的挖掘和保护往往需借助于其所依托的某类特殊符号语言来表达。这类符号语言是体现非物质文化资源价值和传播文化信息的重要手段。在城乡文化景观风貌的塑造中，要善于发现符号语言背后的文化意义，用可视化的建筑形态、空间布局和景观环境营造方法等符号语言，向人们传达深层次的文化信息。

（2）通过深入挖掘城乡地名文化内涵来强化文化景观风貌特征　　“地名，是人们赋予某一特定空间位置上自然或人文地理实体的专有名称”。❶ 地名文化作为一种特殊的文化资源其背后包含着深刻的内涵，“通过地名的由来、变迁可以透视到地理历史、民族民俗、宗教信仰、社会经济等文化现象。”❷ 地名是承载当地历史文化的重要载体，一个地方的名称往往可以反映出地域的环境特征、经济特色、历史沿革，有的甚至可以向人们讲述对于地域发展产生过深远影响的重大事件。城市的名称常表明城市与周围环境的位置关系，例如渭南（图 4-9）、临汾都表明城市与河流的位置关系；有些地名诠释城市在国家和区域的政治地位，例如古城南京、北京明确表明了城市作为政治中心的特殊职能；彰显城市的环境特色；有些城市名称甚至出于某些特殊政治目的，例如内蒙古的呼和浩特市在明代被命名为“归化”，便是取归顺教化之意。乡村的名称较多的是表述村庄在区域中的位置，以及村庄原始居民的构成情况，例如安徽的吴村便是因为村庄内部居民以吴姓为主而得名，而河北省衡水市

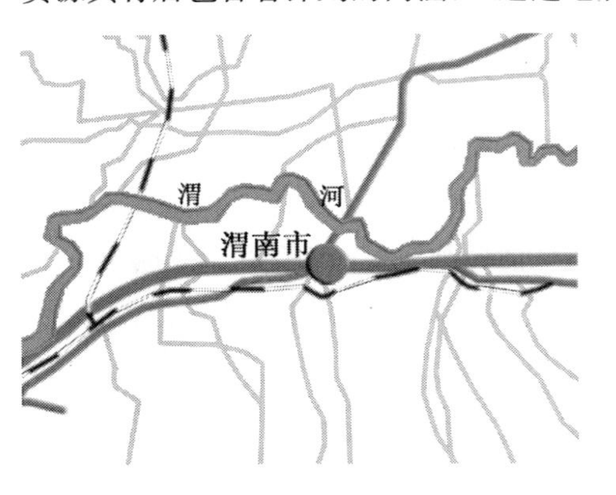

图 4-9　渭南市与渭河位置关系分析图

❶ 曾露．地名文化：印记在时间长河中的文明［N］．中国信息报，2009-03-27（5）．

❷ 花露，张洁玉．地名文化的旅游价值及开发浅析［J］．商业经济，2009（11）：99-101．

滏阳河南北两岸的村庄分别取名河南增和河北增，清晰地表明村庄与河流的位置关系。此外不同街区和地点的名称也有着各种各样的由来，对地名背后文化内涵的深刻挖掘具有重大的理论和现实意义。对地名文化的深入挖掘不但可以增强外来人群对当地异质文化的体验，更可以增强本地居民的文化认同感，使人们体验地名背后深刻的文化内涵，有利于人们对当地文化景观风貌特征认知。

（3）加强对城乡人文活动的组织和策划　人文活动是城乡文化的重要载体，“活动具有维持风貌的能力，因此既要通过设计引导活动又要让活动来启发设计”。❶ 地域特殊的人文活动是受地域独特的历史文化、风俗习惯和经济活动影响而产生的，特殊人文活动的组织和策划可以提升区域的竞争力、展现区域独特的文化风貌。

在城乡文化景观风貌的塑造过程中应加强对传统民俗节事活动的保护和现代产业文化活动的组织。传统的民俗节事活动是传统文化观念的外在表现，是地域的文化遗产，深入发掘地区独特的民俗节事活动，通过特色活动的组织来提高区域的知名度，并推动区域经济的发展和民俗文化的保护。

随着时代的发展，传统文化不断以新形式出现，且不断融入现代生活。在实现文化的传承和发展过程中，传统文化的现代表现形式往往为经济文化活动。对于经济文化活动的组织和策划不但能提升区域现代文化气息，还可改善区域投资环境，促进地区发展。但是在进行商业活动的组织和策划时应进行区域间的比较，围绕地区具有优势的经济产业开展相应的经济文化活动，实现地区的产业文化发展，体现独具特色的现代产业文化风貌。

4.3　城乡生态景观风貌系统

4.3.1　城乡生态景观风貌的内涵

城乡生态景观风貌系统构建的目的是将城市公园绿地生态系统、乡村绿地生态系统和包围城乡建设用地的广大人工、自然生态系统有机结合，整合城乡区域内生态景观资源，在维持良好生态环境的基础上，实现良好的城乡生态景观风貌。城乡生态景观风貌包罗万象，城乡生态系统内的山川、河流、农田、森林等要素都是城乡生态景观的组成部分。城乡生态景观风貌系统除了具有生态保育这一基本功能外，还具有休闲、游憩、文化、经济、美学等多方面价值。

4.3.2　城乡生态景观风貌系统的结构特征

城乡生态景观风貌资源是生态景观风貌网络建构的基础，是城乡生态网络系统的重要组成部分。在进行城乡生态景观风貌系统的建构时，应首先对森林覆盖、自然生态覆盖、农业生产覆盖、观光休闲农业覆盖、景观化植被覆盖、自然土壤沙石覆盖、江河流域环

❶ 蔡晴．基于地域的文化景观保护 [D]．南京：东南大学，2006.

境、城市绿化覆盖等城乡自然生态系统要素进行分析，研究各组成要素间的生态关联度和内部作用机制，城乡能量、物质、信息交流方式和物种迁徙途径。通过保护现有的生态基地和廊道，培育城乡生态网络结构，最终实现以自然地貌植被为基础，各类生态廊道贯通的城乡生态景观风貌系统。[1]

4.3.3 城乡生态景观风貌特色的规划对策

总结以往关于城乡生态环境和生态景观规划的内容，并结合城乡统筹规划的新要求，笔者认为当前国内外正在建设的“绿道”网络在规划目标上同本书所倡导的良好城乡生态景观风貌构建目标一致。国内外“绿道”网络建设强调将区域内各种类型绿色廊道同自然生态斑块有机联系，形成联系城乡的开敞空间网络，为野生物种迁徙提供廊道，同时为城乡居民提供休闲、游憩、审美场所的巨型循环网络。因此，本书借鉴国内外有关“绿道”建设的相关规划理论和方法，在对城乡生态景观风貌资源进行现状分析评价的基础上，主要从自然地貌风貌塑造、水系和水环境景观风貌控制、植被系统景观风貌控制、生物多样性的保护和培育几个方面阐述如何建构各生态系统之间具有高度关联性和整体协调性的城乡生态景观风貌系统。

4.3.3.1 自然地貌风貌塑造

自然地貌即地质地貌，它是植被生长、野生动物活动、人类生产生活所依附的空间骨架。从城乡风貌的视角来理解，自然地貌作为最稳定、最直观的自然要素，既是景观风貌构景的基础，又是景观风貌的重要组成部分。对自然地貌的景观风貌特征和自然地貌与相关景观风貌要素的关系进行研究是形成良好城乡风貌的基础，可起到改善和强化自然地貌景观风貌特征的作用。

在城乡风貌系统中，由于自然地貌是各类风貌要素的载体，其本身也是城乡风貌系统的一部分，要想形成良好的城乡景观风貌特色，首先应对自然风貌的主要职能进行深入的研究。

（1）利用自然地貌塑造风貌空间骨架　　自然地貌作为整个地球表面地质构造的重要的组成部分，塑造着区域的空间形态，制约着地表动植物的分布和人类的建设活动，塑造着整个城乡区域的景观生态格局。“在自然景观的美学评价中把山比作是风景的骨架，水是风景的血液，花草树木是风景的服饰。没有骨架，则血液与服饰便无处着落。”[2] 伴随自然地势由低到高，温度随之降低，自然植被的类型和景观随之变化，地貌植被景观由草原、森林过渡到高山雪原（图 4-10）；河流、溪涧由高山上奔淌而下，穿越高原、平原，聚集于广阔的大海；各种人工建筑和生产活动选择在地势较为平坦的地段展开，有些特殊的人文景观环境更是借助特殊的地貌资源才得以凸显其特色，形成自然风光与人工风光相间布置的景象。

---

[1] A. Garcıa-Quintana，J. F. Martın-Duque，J. A. Gonzalez-Martın，et al. Geology and rural landscapes in central Spain（Guadalajara，Castilla—La Mancha）.

[2] 张序强. 地貌的旅游资源意义及地貌旅游资源分类［J］. 自然科学，1999，21（6）：18-21.

图 4-10　平原地貌到山体地貌过渡
资料来源：《游遍中国》

（2）依托自然地貌提升风貌审美特征　由于地球表面的自然地貌类型众多，其形成的内外作用力不同而在形态、规模、纹理、变化规律等方面存在很大的差异性，从而创造出气象万千的地貌景观，使其成为审美欣赏的主要对象。有些自然地貌以其宏观的整体形象所形成的意境为人们提供审美观赏条件，有些自然地貌则是以其某一部分或特定区域的独特性为人们提供审美观赏条件。例如山脉以其起伏跌宕的地势给人以威严壮丽的感受；戈壁滩以漫天遍野的黄沙给人以苍凉旷野的感觉；而一些石柱、山峰则由于风沙侵蚀、水流冲击而形成独特的姿态，给人提供联想和进行艺术再塑造的素材。由此可见自然地貌不仅是景观风貌系统的载体，更是景观风貌系统的重要组成部分。

（3）合理开发利用自然地貌开展游憩活动　人类对大自然充满无限的好奇和向往，而地势复杂的区域由于人类很少涉足，原始风貌保存较为完好，成为近些年来旅游探险活动的目的地。各类探险爱好者进入人烟稀少的戈壁、峡谷、密林等险境观赏原始自然风光，探寻自然的奥秘。同时，由于特殊的自然地貌可以给人类的感官带来强大的冲击，吸引着人们不断进行着诸如峡谷漂流、滑雪等体育游憩活动。此外，海岸地貌往往因为其宜人的风光和湿润的气候成为休闲疗养的胜地。例如，盘锦依托其举世罕见的红海滩、世界规模最大的芦苇荡和保存完好的湿地资源打造生态旅游体系；三亚由于它得天独厚的地理优势和资源，成为中国炙手可热的旅游胜地。

（4）通过游览活动凸显自然地貌的教育科研职能　由于自然地貌的形成是地质构造和外力作用的结果，因此各类地貌现象为研究区域地质构造提供了科学研究的实例；石灰岩由于受到水流的侵蚀形成形态多变、色彩缤纷的溶洞景观，海岸地貌由于受到海水冲刷、海风侵蚀而形成平坦宁静的沙滩或陡峭威严的峭壁，石柱由于受到自然风蚀作用形成姿态万千的形态，人们在观赏这些自然地貌景观时，会对这些自然地貌现象的形成机制和发育过程产生兴趣。由此可见自然地貌具有重大的教育和科研价值。

在自然地貌的景观视觉形象研究中，山地地貌由于其地形复杂多变、山体形态丰富而成为风景造型的主要对象。山地地貌的景观风貌特征主要体现在其造型特征上，是人类在自然山地地貌外在表象基础上，进行审美想象和艺术塑造的结果。人类在对山地地貌进行审美想象时主要是将山石峭壁的自然形态和山体的山脊轮廓线同日常生活中的美好事物联系起来，对其轮廓形态进行高度的艺术概括，以满足人的审美观赏需求（图 4-11）。

（*a*）甘南山地地貌

（*b*）新疆山地地貌

图 4-11　山地地貌

山地地貌的风景造型特征按照观赏尺度的差异可以分为宏观造型景观、中观造型景观、微观造型景观。

宏观造型景观主要以山脉的整体外在形态为主要的研究对象，例如“清代学者魏源在其《衡岳岭》中概括出我国五岳的总特征：‘恒山如行，岱山如坐，华山如立，嵩山如卧。唯南岳独如飞，朱鸟展翅垂云天。四旁各展百十里，环侍主峰如辅佐。’这一概括主要是对五岳山形进行大尺度的地貌描述。”[1]

中观、微观造型景观以研究单个山峰或山体某一部位的造型特征为主要对象，由于地质构造、自然侵蚀等原因，造成山峰和石柱的姿态、断面、侧景形态各异。在不同的角度和高度观赏，山体同一部位或整个山峰的不同部位会表现出不同的造型特征，这大大丰富了山地地貌景观风貌形象的内涵。例如我国宋代诗人苏轼在《题西林壁》中写下了“横看成岭侧成峰，远近高低各不同”的诗句，描述了诗人从不同的观赏距离和观赏角度所看到的庐山的景观视觉形象。

自然地貌独特的景观特征是在长期内外力作用下形成的，具有景观独特性和不可再生性，在城乡风貌系统的构建中应处理好开发利用的强度，避免因不合理的开发建设活动造成自然地貌景观的破坏。

在山地地貌开发利用中应根据风貌特征区域的尺度和观赏部位的合理性来处理好建筑和绿化植被与原始地貌的关系。在以群山轮廓和整体空间意境为主要审美对象的地貌区域内，建筑应处于景观风貌的从属地位，可在山峰处点缀体量较小的建筑物来强化自然山体的空间轮廓；自然山谷中的建筑应隐藏在周围茂密的绿化植被之中，保持山谷幽静的环境氛围。在以单一山体或特定山峰为主要景观欣赏对象时，应通过山体植被的绿化突出整个山体或山峰的形态；如果以某一个石柱的特殊形态为主要观赏对象，应避免在其上进行植被绿化，可通过在其周围进行绿化种植使其从整个山体背景中突出出来。[2]

---

[1] 陈传刚. 地貌的旅游评价研究［J］. 河南大学学报，1985（1）：65-74.

[2] Brigitte Dorner. Ken Lertzman and Joseph Fall Landscape pattern in topographically complex landscapes: issues andtechniques for analysis［J］. Landscape Ecology，2002（17）：729-743.

加强对山地地貌的艺术创造和文化氛围的渲染，可以起到画龙点睛的作用。对整体风貌特征显明，局部造型独特的自然地貌进行艺术氛围的渲染有助于突出其风貌特征。在山地地貌的艺术创造中可以借助写作中的比喻和联想等手法，对自然地貌形态、色彩、整体意境进行高度的艺术概括，通过优美的语句和精炼的题名来达到渲染氛围、突出特征的效果。

此外，在山地景观风貌的塑造过程中观赏路径的选择和观赏点的选取也是决定风貌塑造成败的重要内容。因为山地地形起伏、景象多变，不同的观赏路径和观赏角度会产生截然不同的景观体验。例如在中国川南山地，在规划中充分研究了不同视角下的观赏效果，建筑依山就势，组团分布，布局自由，协调统一。无论是从山上还是山下观看都可以看到丰富完整的建筑全体形象，达到建筑与山体融合的效果。在景观风貌的塑造过程中应反复推敲不同观赏角度和不同观赏距离下山地地貌的景观特征，在适宜的地点设置景观节点和观赏点，将景观节点通过观赏路径进行串联，塑造良好的景观体验路径。

4.3.3.2　水系与水环境景观风貌控制

水系与水环境风貌系统主要是指江河湖泊等水体景观，以及受这些水体景观影响的环境区域。按照人类对环境的影响程度可以分为自然景观和人文景观，其中自然景观又可分为原始自然景观和人工自然景观。原始自然景观主要包括未经人类活动影响或受人类活动影响较小的河流水系、山体植被等；人工自然景观主要包括农田风貌区内的农林作物、鱼塘、水库、灌溉渠等以自然要素为主的景观；人文景观主要包括城市、乡村建筑群落和河湖水系沿岸的各类历史文化景观资源。

水系与水环境景观风貌由水环境本身和与其进行物质、能量和信息交流的影响区域组成，其风貌因素具体包括主要河道景观、次要河道景观、湿地景观、水库景观、鱼塘景观，以及受上述风貌因素影响的生物植被、城镇村庄等（图 4-12）。在对水系与水环境景观风貌进行引导控制时，应将水系、水环境与其周围影响区域作为一个整体统一考虑。

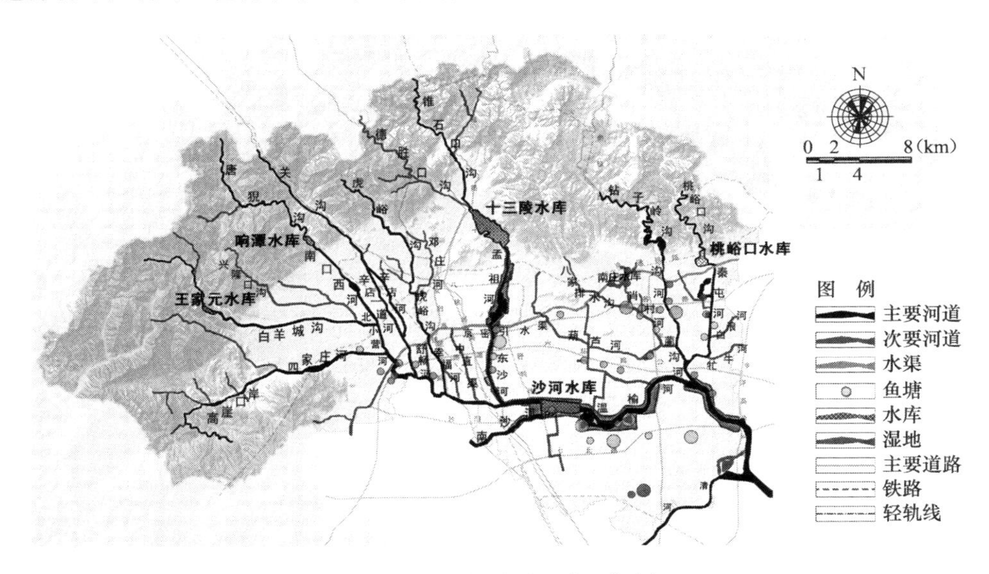

图 4-12　昌平区水系与水环境现状分析图

由于水系与水环境由各种形态和尺度的水景观以及各种类型的风貌单元构成，在对水系与水环境风貌进行引导控制时，应在整体性、生态性原则基础上建构宏观水系与水景观风貌网络，并按照分类分系统，从中观、微观尺度有所侧重地进行控制引导。对河流水生境、滨水生态系统和水系影响区域采取不同的风貌控制方法。

在宏观层面上通过河湖水系、水库、湿地、鱼塘、灌溉沟渠的生态修复和环境整治，建设区域景观生态安全格局。在充分研究评价区域历史河湖水系结构特征和河道变迁、生态环境和景观风貌变迁的基础上，恢复和增加区域内次要水系，修复河道自然形态，加强两岸生态环境建设，建设和扩大生态湿地面积，增加蓄洪区和导洪渠，形成建立在区域水系统生态安全格局基础上的水系与水环境景观风貌系统。在形成良好的区域水系统生态安全格局基础上，重点对主要河流景观风貌、斑块状水环境景观风貌和鱼塘景观风貌进行控制引导。

（1）主要河流景观控制引导

① 自然山林地段主要河流景观风貌控制引导　在自然山林地段由于远离人类生产经营活动，水体质量和周围生态环境保持较为完好。但随着各地旅游活动的展开，人类活动对自然环境的影响进一步加强。例如我国四川黄龙九寨沟地区以其优美的环境和清澈的溪流著称，而伴随着国内外游客的大量涌入，当地的自然环境已经不堪重负。

自然山林地段按照流域主体功能区划应属于禁止开发区和限制开发区，该区域内河流河段应以保护和恢复动植物生态群落，恢复原有森林群落系统和河流水系生境为主，严格控制旅游开发建设活动。在旅游开发建设活动中严格划定核心保护区，严禁在核心保护区内开展各种类型的旅游活动；在核心保护区外围划定一定区域的缓冲带进行适当的旅游开发建设活动，主要以自然风光旅游和科普教育为主；在自然山林的外围生态不太敏感地段进行主要旅游开发建设活动。最终达到生态保育和经济发展的目的。

自然山林地段河流的景观风貌以体现自然生态之美为主，在河流的形态塑造方面应减少不必要的人为痕迹，在植物种植和山石形态上应以突显地域特色为准则。植物的配置应根据水生植物、湿生植物、陆生植物的不同特性进行重点培育。

② 农业经营地段主要河流景观风貌控制引导　在农业经营地段，河流两侧分布有较多的村庄和农田。河流两侧的植被以农作物和人工种植林为主，部分河段分布有少量宽度较窄的灌木丛，无法形成系统的河岸防护林带，造成严重的水土流失，大大降低了农业经营地段的生物多样性，且景观结构较为单一。

由于在农业经营地段地势往往较为平坦，地形较为简单，该类型地域内河流及其两侧的景观风貌结构较为清晰，河流的形态较为容易识别，在主要河道景观风貌控制中，应进行重点控制和引导。农业经营地段内流域景观应以水土保持和恢复生物多样性为目的，结合农业地区的生产经营活动，建立自然人工混交林，形成乔木、灌木和草地相结合的立体河流生态防护林。在保证河流生态防护功能的同时，坚持生态保护和农业生产相结合的原则，有目的、有计划地整治河滩漫地，通过饮水、蓄水等工程措施，形成内陆水系和水库、湿地等水环境。充分利用水环境周围肥沃的土壤和微生物环境开展各类蔬菜和林果种植，利用不同的河道形态和水面宽度开展水产养殖活动。最终形成自然风光优美、田园气息浓厚的田园景观风貌。

③ 城市地区和城乡结合部主要河流景观风貌控制引导　区域主要河流沿岸往往分布着较多的城市建筑簇群。例如据有关统计我国长江沿岸“自宜宾以下1769公里范围内，沿江分布着特大城市4个，大中城市19个，共有大中小城市31个”[1]。在以往的发展历程中，河道过多地被改造成人工形态，河岸两侧植被由自然生长形态改为人工形态，并在平面形态上表现出强烈的几何形态。

在主要河流景观风貌控制引导时应坚持保护与开发协调的原则，按照河流在城市内的不同区段的水体形态、植被特征、人文资源等特征，将沿岸地区划分为自然生态区、文娱活动区、居住休闲区等不同的功能区段。此外为恢复城市区段河流水系的生态功能，应按照景观生态学的建设要求恢复河道的自然形态，建设生态驳岸；在河道两侧保留足够宽度的生态隔离带，完善主河道两侧植被生态体系，采用水生植物、湿生植物、陆生植物、乔灌木相结合的方式，构建多重景观层次结构。在植物种类的选择上宜多采用乡土树种，并注重植物景观色调搭配。

由于城市内部和城乡结合部的河流两侧承担众多的人类活动，河流景观风貌应充分体现其亲水性和公共性。为实现居民的亲水需求，可通过在沿岸设置步行游览系统、自行车道、亲水平台、涉水台阶、滨水广场等公共空间以及在适宜的地段开展水上休憩活动来充分体现河流的生活纽带作用。

(2) 斑块状水环境景观风貌控制引导　斑块状水环境，包括湿地、水库、鱼塘在内，是景观风貌的重要组成部分，城乡风貌建设中也应对其进行景观风貌控制引导。

① 河流湿地景观风貌控制引导　在河流生态湿地区域内，在保证含蓄水源的基础上，按照生态敏感程度将河流湿地划分为生态恢复区、景观展示区、景观体验区。生态恢复区禁止开发建设活动，景观展示区以展示自然生境和水生植物为主，景观体验区可结合水产养殖，增加游览活动的参与性，增加经济收入。

② 水库景观风貌控制引导　水库作为重要的人工水利工程，除具有蓄水功能外还具有重要的人文景观价值。在水库景观风貌控制引导时重组水库空间形态，发挥“整合”效能，建立水库风景区多功能体系，重点结合部分水库的人文景观资源优势，构建水库风貌景观系统。

③ 鱼塘景观风貌控制引导　鱼塘生态系统作为人类模仿自然的水生态环境，进行生产经营活动创造的特殊形式，具有重要的美学和经济价值。在对鱼塘生态系统的景观风貌进行控制引导时，应结合鱼塘的多种生产经营方式，借鉴我国南方地区“基塘养殖”生产经营模式，考虑经济性、可持续性，塑造适合地方特色的鱼塘景观风貌体系。

4.3.3.3　植被系统景观风貌控制

城乡植被生态系统包括自然植被生态系统和人工经营植被生态系统，这些植被是构成城乡生物多样性的重要组成部分，是城乡生态景观风貌系统的基底要素。本书研究的自然植被生态系统是指自然界内未受人类活动影响或受人类活动影响较小的自然山林植被所组

---

[1] http://www.mdv.com.cn/res/seniorgeo/consult/book/018/41.htm[OL].

成的植物群落系统；人工经营植被生态系统是指人类按照生产经营活动有目的地改造自然生态系统所建立的农作物群落系统和城乡建设用地范围内的园林绿化生态系统，通常包括农田植被、果园植被、城乡景观绿化植被等，其中农田植被和果园植被同属于农业植被生态系统。

城乡植被系统景观风貌控制就是在保证物种多样性的基础上强调植被的景观美学意义和文化教育价值。在对城乡植被系统景观风貌进行控制引导时应按照景观风貌时空异质性的原则，在形成城乡绿化景观系统的基础上，分区域对不同植被进行景观风貌塑造。

（1）森林植被景观风貌控制引导　林地景观是整个区域植被景观的基质，随着人类审美范畴的扩展和对城市生活的厌倦，人们不仅关注森林植被的生态效应，而且将其作为重要的视觉审美对象，研究评价森林植被景观风貌特征。世界各国纷纷开展有关森林景观价值评定、视觉设计和景观管理的理论研究和实践活动，以期实现森林生态效益、经济效益和景观审美效益的协调发展。国内许多大城市也纷纷将木材生产同休闲游憩活动相结合，在郊区建立森林公园体系。[1] 森林植被景观风貌特征是进行风貌特色控制引导的前提和基础，也是森林植被视觉审美的主要内容，森林植被景观风貌控制引导应在充分分析森林所在地形和现有植被特点的基础上，采用主动式规划设计与被动式规划设计相结合的方法，通过合理规划森林植被的形态、色彩、线条、质地等特征来组织区域景观风貌。

① 合理规划森林植被的种植形态　森林植被的景观风貌特征首先通过其多种多样的植被形态表现出来，森林植被的形态既包括树干、枝叶和树冠的姿态（如图 4-13），也包括整片森林所表现出来的边缘形态。例如树干笔直的松柏给人一种挺拔、苍劲的感觉；而不同边缘形状的森林则给人舒服、突兀、优美、丑陋的感觉。在森林植被景观风貌控制和

图 4-13　森林植被枝干形态美

[1] Evelyn A. Howell. Landscape Design，Planning and Management：An Approach to the Analysis of Vegetation [J]. Environmental Management，1981，5 (3)：207-212.

引导中应合理确定不同树种的种植规模和边缘形状。在经济林采伐区，运用景观生态学相关原理，合理地确定树木的采伐间隔和采伐面积，确保整个森林种植区域的审美特征不因树木的采伐而受到较大的影响。

② 合理利用森林植被色彩季相　森林植被的色彩季相与植被的生长习性密切相关，植被的枝叶会随着季节的变化而变化。例如北京香山枫叶到了秋季随着天气的逐渐转冷而呈现出由黄到红的色彩变化，吸引着各地的游客前去观赏；又如一些阔叶落叶植被随着天气的变暖而变得枝叶繁茂、绿意盎然，而又伴随着气候的变冷而树叶脱落，呈现出树干和树枝的形态和色彩。

③ 因地制宜地营造森林场所意境　森林植被通过与山峰、峡谷等地形相结合往往表现出超越自身形态和色彩之外的动势和意境氛围。例如当森林植被依附山体生长时，“其山脊线和山谷先衍生出一种视觉地形张力，可称之为视觉力。这种视觉力将人们的视线在山谷和凹进处被引导向上（可称之为凝聚力），在山脊和凸处被牵引向下（可称之为扩张力）”❶。处于峡谷之中的密林，往往使人产生深邃、幽静的感觉。因此，在森林植被景观风貌控制和引导中，应运用视觉力的相关原理分析不同地形区域所蕴含的场所精神，以此作为确定树木高矮、疏密配植的参考。同时借用中国传统的隔景、借景、框景等造园手法，合理组织观赏视点和视域内的森林植被。通过道路的曲折变化对景观风貌效果不佳的部位进行遮挡和规避。

④ 保持森林植被的景观多样性　森林植被及景观风貌的多样性是保持森林系统生态效应、经济效益和视觉审美效应的有力保障，除提高现有林地面积外，还应强调不同树种和树龄植株之间的搭配种植。在不同的地形区域种植不同的树种，既突出各区域的景观风貌特征，又保证了整个森林植被系统的生物多样性和景观风貌特征的多样性，如昌平林地资源分布（表4-1所示）。

昌平区域林地资源现状统计表　　**表4-1**

林地类型	全区（km^2）	平原区（km^2）	山区（km^2）
有林地	345.46	22.06	323.40
灌木林地	300.82	0.41	300.41
经济林地	102.54	42.84	59.70
苗圃地	24.61	24.46	0.14
疏林地	6.41	0.37	6.03
宜林荒地	39.91	19.69	20.22
宜林沙地	0.06	0.06	0.00
宜林草地	0.03	0.00	0.03
林木覆盖率	57.7（45.5）*	16.3（24.6）	86.5（60.8）
森林覆盖率	33.1（33.2）	11.7（20.1）	48.0（42.3）

* 括号内的数字为2002年北京全区相应指标的现状值

同时应认识到对森林植被进行整体的景观风貌控制和引导是有必要的，但有时由于森

❶ 郝小飞. 我国森林景观视觉设计途径初探［D］. 北京：北京林业大学. 2007.

林植被分布范围广泛，实施森林植被的整体景观风貌控制将会耗费巨大的人力和物力。因此需选取重要景观视点，对视野可及范围内的森林植被进行具有更强的可操作性的景观风貌控制和引导。

(2) 乡村农业植被景观风貌控制引导　自然植被同人工建筑一样具有纹理、色彩和形态，生产植被景观由于具有较强的人工干预性，而且实施规模经营，常表现出强烈的纹理特征和丰富的色彩构成。在城乡范围内面积最大的是农林种植区域，这一特征在平原地区表现得尤为突出。该类型风貌区内以粮食、蔬菜等农作物种植为主（图 4-14），是我国乡村田园风貌的主要特征区域。农业用地景观是平原地区植被景观的基质，从农业地区乡村植被景观的构成要素来看，农田内经济作物植被类型在一定的时空范围内具有相对的稳定性。这些经济作物是人类在长期的生产经营活动中认识自然界发展变化规律，顺应自然界季节变化、气候变迁，有目的、有计划地改造自然植被，进行生产劳作的结果。由于各地的气候条件和土壤结构不同，适合发展的农业产业也不同，由此导致截然不同的产业风貌特征。例如，我国华北平原地区以玉米、棉花、小麦等农作物种植为主，家畜养殖为辅，表现出以葱郁的树木、庄稼为主，红砖民宅点缀其间的田园风貌特征；而内蒙古草原以牧草种植和家畜养殖为主，表现出以碧草蓝天为主要特征的田园风貌。

（a）延庆经济农作物景观

（b）延庆农业植被景观

图 4-14　农业景观

充分认识各类植被的景观风貌特征，有助于合理地引导农林种植区域内景观风貌特色。按照农产品的类型来划分，农田植被（图 4-15）主要可以分为粮食作物、蔬菜瓜果（图 4-16）和林木植被（图 4-17）。不同的植被具有不同的景观风貌。

乡村农业植被景观风貌控制与引导的方式包括：植物群落空间布局引导，植被色彩季相引导，都市农业风貌的多功能培育，充满人情味的乡村居住邻里空间建构。

① 植物群落空间布局引导　植物群落的空间布局决定着乡村地域范围内各类植被风貌区内部的空间布局形态，以及植被景观风貌区相互间的组织关系。在进行农田植被的种植经营时应按照景观生态学的原理，分析各植物群落之间物质和能量的流动，将相互干扰较小、可以相互促进生长的植物群落进行相邻种植或混合搭配种植。与此同时，要借助生态学的相关方法，研究各类植被景观风貌区的规模和边界形状。在对其内部单元进行划分时要顺应自然地形地貌和原有种植基础，避免简单地将各单元按照方格网的方式进行划

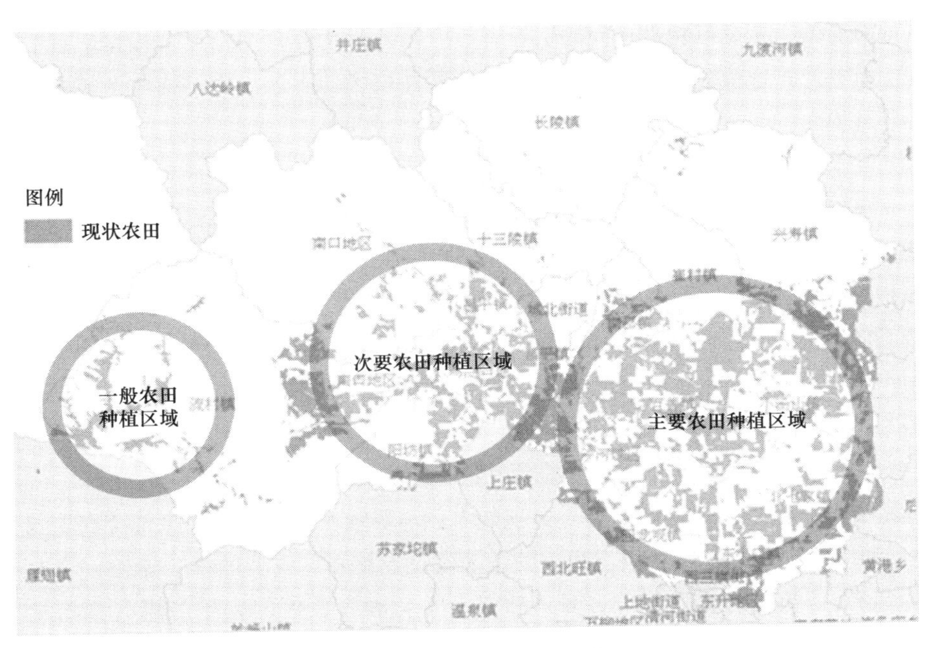

图 4-15　昌平区域现状农田分布图

图 4-16　北京昌平草莓种植园

图 4-17　北京延庆林木植被景观

分，要努力创造具有原始自然美和人工经营美的田园植被景观风貌。例如在北京延庆县龙庆峡及周边地区景观规划中，通过植物群落空间的合理布局，形成了人工美与自然美合理结合的优美的乡村风貌景观（图 4-18）。

图 4-18　北京延庆县龙庆峡及周边地区风貌景观构想图

在对粮食作物景观风貌进行控制引导时，应以差异化经营为指导，根据地区农业发展目标，合理确定普通粮食作物种植区、蔬菜瓜果种植区的用地比例，构建区域特色鲜明的农业景观风貌。

在对果园植被景观风貌进行控制引导时，应从平面布局和立体布局两个方面来控制引导。在平面布局方面，合理布局生产区、示范区等不同的功能区域；在立体布局方面，应充分利用乔化果树、矮化果树等果树，设计空间层次丰富的绿色复合植被空间。

② 植被色彩季相引导　自然植被的色彩同人工建（构）筑物的色彩有很大的区别，人工建（构）筑物的色彩在一定时空范围内具有相对稳定性，而自然植被的色彩会随着其生长周期和季节变化而发生改变。在对乡村植被景观风貌进行控制引导时，应充分认识到不同植被的色彩季相变化，利用植被枝叶、果实等的色彩季节变化，形成以乡村建筑颜色为固定色，以乡村植被颜色为变动色的乡村色彩风貌系统。

③ 城市农业风貌的多功能培育　现代农业与传统农业的区别在于传统农业仅仅以农作物种植和满足食品及原材料供应为目的，现代农业更强调农业的多功能性，农业在原有功能的基础上，更具有生态涵养、景观审美、文化教育、休闲娱乐等现代都市功能。随着城乡经济的发展，长期居住在水泥森林里的城市居民对乡村田园生活充满向往，为适应城市居民的旅游观光需求，城市郊区和广大农村地区纷纷建设了以大田作物观赏、果品采摘和休闲度假为主的观光休闲项目。同时随着农业种植技术的更新，各种新型农作物栽培技术应用到农业种植中，农业更成为高新技术的展示平台，起到了很好的文化教育功能。

现代农村产业风貌的塑造途径是发展多功能农业，将农业由第一产业向第二、第三产业延伸，建立以观赏游览、休闲度假、科技展示、文化教育为主的现代都市农业。

在农村产业风貌的塑造过程中，首先应对村民的发展需求和城市居民的旅游需求有充分的了解和认识，在此基础上对农村地区的产业结构现状和景观风貌特征进行分析，整合农村资源环境、挖掘产业发展潜力、明确产业风貌特征，坚持“建设以大地景观为目标的农业产业和景观一体化发展模式”❶，塑造集生态、生产、生活于一体的田园产业风貌。

④ 充满人情味的乡村居住邻里空间建构　为形成完整的乡村农业植被景观风貌体系，在考虑以上几点的同时还应注重乡村居住邻里空间的构建。如结合食杂店、小百货店等公共建筑的布置，考虑地区的气候特点，提供向阳的宅旁绿地或小块空场，设置休息、交往的服务设施，并加以详细的外环境设计，充分发挥其提供邻里交往活动的作用。同时，将邻里公共用地的景观设计作为村镇居住建筑群体景观中一个重要的吸引点或是焦点。在居住建筑群体景观的塑造方面，避免毫无特色、单调雷同的居住建筑形式，设计具有地域特色的居住建筑外观，如在寒地区域应选择可排除积雪的斜屋顶造型、暖色系的建筑立面等，增强居民的归属感和认同感。

在植物配置方面，选择适于在当地气候条件下栽植的乡土绿化品种，常绿与落叶树种

❶ 宇振荣. 都市多功能农业走廊景观特征需求和建设模式研究［C］. 中国风景园林学会2009年会论文集. 北京：中国建筑工业出版社，2009.

合理搭配，使村镇户外空间一年四季都充满生机。同时，还应注重景观环境小品的设计，小品材质的运用应符合气候特点，尤其是一些儿童活动和健身用的设施小品，应利于居民不同季节的使用。如在寒冷地区，考虑到活跃村镇冬季气氛的需要，小品应选择鲜艳、明快的颜色。

（3）城市绿化景观植被规划控制引导　城市绿化植被同乡村植被和森林植被相比具有更强的人工化痕迹，由于绿化面积有限、人均占有绿化面积较少，且被各类城市建设活动所分割，城市绿化植被的生态功能与广大自然山野地区相比大大地降低。与此同时，为了满足各种生产生活活动，城市绿化被赋予了很多观赏职能，要形成良好的城乡生态景观风貌，必须完善城市绿化景观植被系统，增强城市绿地的生态职能和景观职能。

① 实现城市绿化的立体式发展　城市生态系统中绿化的生态环境效益不仅取决于绿化的覆盖面积，而且取决于绿化的结构和植被的类型，因此应根据我国不同城市自身的实际情况，一方面尽量加大城市绿化面积，提高绿化覆盖率，充分利用屋顶绿化、墙面绿化等，另一方面注重增加绿色植物茎叶所占据的空间体积，即提高三维绿化量。

② 选择合适的植物种类搭配　不同的植被对其生长环境具有不同的要求，城市绿化的植被种类应当依据地区气候特点不同而有所区别。如寒地城市的植物品种选择应考虑景观、功能等的需求，应多选择耐寒植被或常绿植被，以提高全年绿量。同时合理利用落叶植物和常绿植物的不同特点，以实现夏季遮荫，冬季透光、挡风的不同目标。

③ 合理定位城市绿地　不同区位的绿地具有不同的职能，例如工业园区周边和高速公路两侧的绿地具有更强的生产防护职能，公园中的绿地以观赏游憩为主。正确区分供人们休闲的绿地和隔离恶劣环境的绿地。供人休闲活动的公共绿地要保持充足的日照，从而延长人在户外活动的时间；设置在小气候条件较差地段的绿地应以绿化种植为主，居民无法入内，起到将行人阻隔在较差的小气候环境之外，使其免受不良影响。

④ 见缝插针式地布置城市袖珍绿地　在城市中应见缝插针式地布置各类 $1hm^2$ 以下的“袖珍绿地”，这种小规模的“袖珍绿地”投资少、见效快，不仅有利于局部小气候的改善，还可以满足居民日常生活的使用需求。无论是在温暖地区还是寒冷地区，都是改善城市生态环境和景观风貌的重要手段。

4.4　城乡空间形态风貌系统

城乡空间形态是城乡风貌系统各主要构成要素的空间分布形态和组织结构，主要包括城乡风貌区、城乡风貌片区、城乡风貌骨架的系统建构。在具体的构建过程中可从城乡风貌系统的整体空间格局、城乡开放空间系统的布局、群体建筑的形态、高度，以及各类风貌要素所形成的轮廓线等方面进行深入的研究和控制。

4.4.1　城乡空间形态风貌的内涵

城乡风貌的空间布局主要是指城市、乡村等人工风貌单元同自然基底之间的空间位置，以及各类风貌单元之间的连接网络，具体包括风貌区、风貌片区、重点风貌地段和风貌廊道的连接关系。[1]

纵观城乡建设发展的历史，无论是城市还是乡村，多结合江河湖泊、平原、盆地等自然地形地势布置，这些人工风貌单元作为区域的一部分，镶嵌在具有同质性的广袤的自然基底之上，构成了不同的风貌区，同时，构成人工风貌单元存在的环境和空间布局的限制条件。各人工风貌单元同自然基底之间相互作用、相互制约，并通过风貌廊道进行着主要的物质、能量和信息的流通，构成完整的城乡风貌空间布局网络。

研究城乡风貌的空间布局应借助于地理学对于自然环境研究的相关知识，“一般认为区域城市（镇）的产生，大多缘于政治、经济、军事等原因，而城市（镇）产生于何处、区域城镇空间的具体结构形式则主要受区域自然环境的制约，自然环境为区域城镇的形成和发展提供了物质基础和背景条件，从总体上影响区域城镇群体的性质和空间结构。”[2] 由于城乡风貌单元所依托的自然环境基底不同，可以将城乡风貌的空间网络结构分为平原地区城乡风貌空间网络结构、山地河谷地区城乡风貌空间网络结构、滨河沿河地区城乡风貌空间网络结构。[3]

（1）平原地区城乡风貌空间网络结构　平原地区城乡风貌空间结构主要由城镇、乡村、农田、林果种植等较大的风貌单元和联系这些风貌单元的道路、河流等风貌廊道构成。由于平原地区地势较为平坦，可利用的建设用地较多，城乡发展受地形地貌的限制较少，因此，平原地区城市和乡村风貌单元的规模较大，城乡建设用地往往呈现出圈层式无序向外扩张的发展态势。此外，由于平原地区人口众多，人类活动行为密集，自然景观受人类影响和利用的程度较大，农田成为平原地区主要的自然基底。

由于大多数平原地区资源分布和景观特征存在很大的相似性，因此城乡范围内城市、乡村等人类活动密集的风貌单元的空间布局情况主要取决于城市和乡村之间经济协调程度和交通联系程度。在平原地区，由于广大农村地区往往作为城市发展的腹地，为城市发展提供生产、生活材料，并通过城市获得技术和信息，各乡镇同城市的经济联系程度相差不大。同时由于现代交通的发展，在平原地区各乡镇与城市之间均存在着便捷的交通联系，所以，在平原地区城乡风貌空间网络结构为：在以农田景观为主的自然风貌基底的背景下，形成以城市人工景观风貌单元为核心，周围均衡分布若干乡村人工景观风貌单元，并依托防护林带、生态河道、交通网络等风貌廊道作为联系骨架的空间布局形态。

（2）山地河谷地区城乡风貌空间网络结构　山地河谷地区城乡风貌空间结构主要由城镇、乡村、山脉等较大的风貌单元和联系这些风貌单元的道路、河流等风貌廊道构成。在山地河谷地区自然山体成为限制城乡发展的主要因素，由于山地河谷地区地形地貌条件

---

[1] Jianguo Wu. Effects of changing scale on landscape pattern analysis: scaling relations [J]. Landscape Ecology, 2004 (19): 125-138.

[2] 何伟. 区域城镇空间结构及优化研究——以江苏省淮安市为例 [D]. 南京：南京农业大学. 2002.

[3] Emilio Díaz-Varela, Carlos José Álvarez-López, Manuel Francisco Marey-Pérez. Multiscale delineation of landscape planning units based on spatial variation of land-use patterns in Galicia, NW Spain [J]. Landscape Ecol Eng, 2009 (5): 1-10.

较为复杂、地势高差较大，相比平原地区可利用建设用地较少，城市和乡村风貌单元的规模较小，且城乡建设用地多被山体和河流所分割。山地河谷地区的建筑活动多顺应地势、依山造景，城市和乡村内部建筑组群表现出很强烈的层次感。与此同时由于山体改造的难度很大，山地河谷地区的原始自然景观风貌要素较多，即使是人工自然景观也多与原始的地形地貌相结合，具有强烈的地域特色。

山地河谷地区的城市和乡村多选择在地势较为平坦的河谷地带，沿河流呈带状分布。由于受自然山体和河流的限制，山地河谷地区的城乡建设用地规模大小不一，城市往往呈组团式布局，一个城市可以由两个或者更多的城镇区域组成，山体成为城镇组团的分隔带和城市的主要绿化空间，河流亦作为城镇组团的联系纽带和开敞空间。由于地势起伏较大，可建设用地和交通条件成为制约区域经济发展和建设用地布局的主要因素，可建设用地的不均匀分布造成城乡人工景观风貌单元的不均衡分布。同时由于道路施工难度大、安全系数低，交通便捷程度也成为影响区域人工景观风貌单元分布的重要影响因素。所以，在山地河谷地区城乡风貌空间网络结构表现为：在以山体植被景观为主的自然风貌基底的背景下，形成以主要交通和区域河流为纽带，人工景观风貌单元非均衡分布的空间布局形态。

（3）滨河沿海地区城乡风貌空间网络结构　滨河沿海地区城乡风貌空间结构主要由城镇、乡村、湖泊或海洋等较大的风貌单元和联系这些风貌单元的道路、河流等风貌廊道构成。纵观人类发展史，无论原始的村落还是现代的大都市，大多选址在滨河沿海地区，河流江海成为孕育生命和延续文明的重要纽带。

海洋作为对外交流的重要窗口以及其蕴涵的巨大财富，使其具有巨大的吸引力。沿海地区成为人口聚集和产业密集的重要区域，沿海城市和乡村在生活和产业上对海洋有很大的依赖性，表现出强烈的海洋文化风貌特征。在沿海地区海岸线成为分割海洋和陆地的线性因素，城市和乡村多沿海岸线呈带状分布。

区域内主要的江河成为连接海洋和内陆的重要纽带，因此滨河地区的城镇多依托江河发展，将其作为发展生产、组织生活和区域联系的重要资源，河流交叉口和冲积平原土地肥沃、交通便利，往往发展成为区域内主要城市，而区域内乡镇和农村则沿江河及其支流呈网络状或带状分布。所以，滨河沿海地区城乡风貌空间网络结构表现为以海岸线为风貌界面，依托区域江河作为连接各人工风貌单元和自然景观风貌单元的空间布局形态。

4.4.2　城乡空间形态风貌系统的结构特征

在城乡风貌系统中，城乡风貌廊道犹如城乡风貌的“骨骼”，各风貌单元犹如城乡风貌的“肌肉”，由此可见城乡风貌廊道在城乡风貌系统中起着巨大的组织、协调作用。常见的风貌廊道主要由交通风貌廊道、生态风貌廊道、产业风貌廊道、文化遗产廊道组成，而产业风貌廊道和文化遗产廊道往往通过主要的区域道路和河流水系进行连接，因此本书在城乡风貌系统的空间布局中，主要研究交通风貌廊道和生态风貌廊道与各类风貌特质区域的空间布局形式。

在人类社会的发展历程中，道路是物质、能量、信息流通的主要途径和连接不同区域

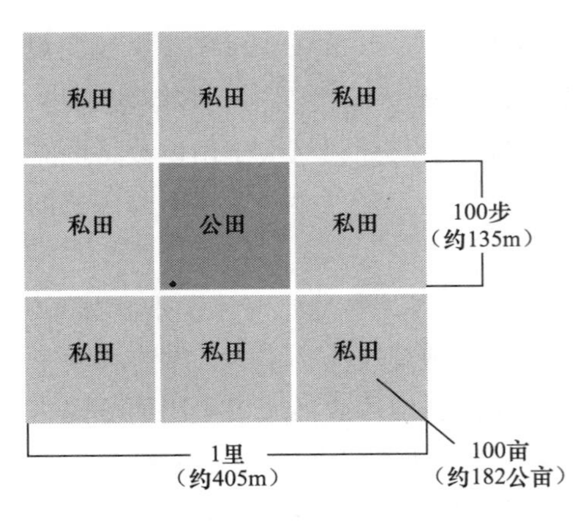

图 4-19　古代井田制示意图

的主要手段。在古今城乡发展中，人们更是将道路作为划分区域、组织建设活动和生产活动的主要手段。我国奴隶社会的土地分配制度——井田制（图 4-19），便是用道路和沟渠把土地划分成方块分配给庶民使用；《周礼·考工记》中记载“匠人营国，方九里，旁三门。国中九经九纬，经涂九轨。左祖右社。面朝后市，市朝一夫”的周王城建设标准；古希腊希波丹姆提出的以方格网的道路系统为骨架，组织城市建设都可以看出道路在城市建设中的重要作用。

在城乡风貌系统的空间布局中，作为骨架系统的道路主要是指作为城乡之间政治、经济、文化联系的区域公路，以及各类风貌区之间的联系道路。在道路风貌的规划设计中，应尊重原有的地形地貌，按照不同道路的主要职能，以及同一条道路不同路段所连接的主要风貌区的特征进行差异化引导控制。例如在具体的风貌控制中，可以按照道路的主要职能和地理位置分为区域内交通性道路景观风貌控制、区域内生活性道路景观风貌控制、城市交通性道路景观风貌控制、城市生活性道路景观风貌控制、静态交通场地景观风貌控制、设施系统景观风貌控制等。

河流作为具有较强连通性的线形要素，同样具有组织物质、能量、信息流通，联系不同地域空间的作用。在人类社会发展之初，河流作为自然生态系统的一部分主要体现在其组织地表径流、维持生物多样性等生态功能。在长期的农业社会里，河流作为水源、交通运输和灌溉农田的作用逐渐加强，主要的村庄和城镇大都临近河流布置；人类进入工业社会以后，河流更是成为工业水源以及交通运输通道；伴随着人民生活水平和审美意识的提高，河流更具有了美学价值，人们更将河流作为一种优越资源来对待，依水组织各类生产、生活活动。

综上所述，城乡风貌的空间布局结构可以看作是以道路和河流等连通性较强的线性要素为骨架，以城乡建设区、田园风貌区、山体植被区以及其他风貌特征区为主要内容的网络结构。[1]

前文借助地理学的相关原理，分析了不同地貌特征区域城乡风貌特征单元与城乡风貌廊道的连接关系，在明确城乡风貌空间网络系统各部分组合关系的基础上，应引入空间管制的相关手段对系统的各部分进行控制引导。在实际的规划中应以“协调区域空间发展、保护生态与资源、引导城乡建设、优化资源配置”[2] 为目标，将城乡人工建设风貌区、田园风貌区、山体植被区以及各种类型的城乡风貌廊道归入相应的空间管制区域，进行相应

[1] K. Michael Bessey. Structure and Dynamics in an Urban Landscape: Toward a Multiscale View [J]. Ecosystems, 2002 (5): 360-375.

[2] 金继晶，郑伯宏. 面向城乡统筹的空间管制规划 [J]. 现代城市研究，2009 (2): 29-34.

的风貌控制，如确定各部分的高度、色彩等。由于每个风貌区都包含多种风貌要素，应将其划分为多个风貌单元，并对每个风貌单元提出其控制导则。

4.4.3 城乡空间景观风貌特色的规划对策

由于城乡风貌各单元的土地使用性质和区位条件等方面存在差异，造成整个城乡风貌系统以及各风貌单元内部在土地开发强度、空间高度分区和轮廓线形态上存在一定差异。城乡风貌规划应借助经济地理学、城市规划学、景观生态学等相关学科的理论知识，研究城乡风貌系统的空间形态分布，以形成开发建设有序、轮廓线优美的城乡风貌空间形象。[1]

4.4.3.1 城乡风貌单元高度分区控制

对城乡风貌系统以及内部各单元高度分区进行研究可以从自然风貌系统和人工风貌系统两个角度出发。

从自然风貌系统研究城乡风貌单元的高度分区，主要是分析各系统的地形地貌，以及植被的生长高度。自然风貌系统主要包括山林生态系统、河流生态系统、农田生态系统。在这些系统中山林生态系统主要由山脉和覆盖其上的树木组成，相比其他风貌系统山林生态系统往往具有绝对高度，成为区域的“制高点”；河流生态系统主要由水体和河岸两侧影响区域的植被组成，从地形上分析，河流位于地势较为低洼的区域，周围的植被由乔木、灌木等混合组成；农田生态系统主要由粮食作物和部分林果种植为主，由于农田生态系统较多地选择在地势较为平坦的地域，且农作物种植类型具有一定的相似性，所以整个农田生态系统植物高度变化不大。

从人工风貌系统研究城乡风貌单元的高度分区，主要是分析各系统的建（构）筑物高度。人工风貌系统主要包括城镇风貌单元和乡村风貌单元。在此类风貌系统中，主要有建筑、道路、河流、人工植被等要素占主导地位。在城镇风貌单元中由于建设用地有限和集聚经济的作用，建筑物往往向高空发展，因此，城镇风貌单元往往成为区域“制高点”；乡村风貌单元由于人口密度和开发强度都远远小于城镇地区，所以乡村风貌单元的建筑以低层为主，往往表现为建筑与树木及农作物相互交融的空间形态。

4.4.3.2 建构形态优美的城乡风貌系统轮廓线

基于以上对城乡风貌单元的高度分析，本书提出城乡风貌系统轮廓线控制引导策略。对城乡风貌系统的区域轮廓线进行控制导引主要是处理好山体、农林植物、城镇、村庄的高度关系，在此之前，尤为重要的是摸清该地区系统轮廓线现状。如昌平全区地势西北高东南低。北部、西部主要为燕山运动隆起的山区，是林果养殖业的主要产区；中部、南部为倾斜的冲积平原，是粮、菜主要种植区；平原与山地转折地带分布着连片的岗台，是果粮间作区。自然地貌主要呈由西北向东南方向依次降低的形式。

通过对以往高度控制、天际轮廓线的研究和实践进行总结得出，轮廓线可以由山脊线、水际岸线、城脊线等形体轮廓线组成。在对城乡风貌系统轮廓线进行控制时应按照

---

[1] Tress B，Tress G. Scenario visualisation for participatory landscape planning — a study from Denmark [J]. Landscape and Urban Planning，2003（64）：161-178.

“总体把握、重点控制”的原则，将城乡风貌系统轮廓线分为整体轮廓线和核心区轮廓线，区别山区、平原、沿河地区，以及城市和乡村地区的轮廓线特征。

乡村地区的天际轮廓线明显区别于城市地区的天际轮廓线，在平原地区的乡村地带，天际轮廓线主要由乡村聚落和周围的林木和农作物组成。其中农林作物作为天际线的背景，乡村聚落作为天际线的视觉焦点，但由于用地性质较为单一，建筑开发强度较小，农民住宅一般以低层为主，乡村聚落的天际线较为平缓。在山地丘陵地区，由于地形的限制，乡村建筑往往高低错落。在规划设计时应使建筑群落组成的城脊线与地形走势取得和谐，避免建设活动破坏原始的山体形态，例如北京市延庆县妫河沿线村镇整体轮廓线（图 4-20）。

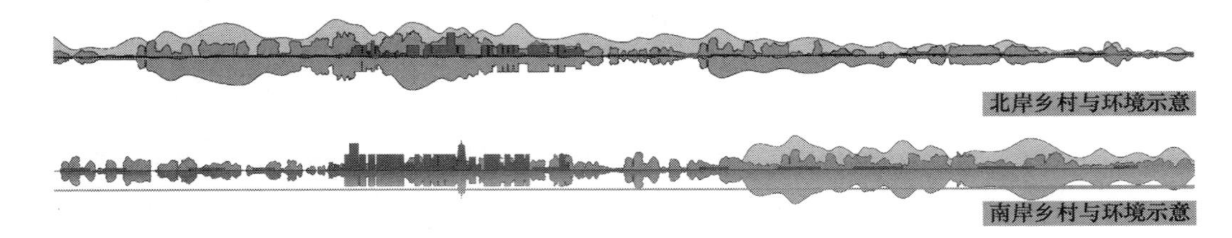

图 4-20　北京市延庆县妫河沿线村镇整体轮廓线示意图

在城市地区天际轮廓线的塑造过程中，应认识到平原地带城市天际轮廓线和山区丘陵地带的城市天际轮廓线是有区别的，平原地带城市天际轮廓线大多是由各式建筑的屋顶共同构成的，而山区丘陵地带的城市天际轮廓线则是由建筑组群和自然山水共同构成的。例如，北京市昌平风貌研究中便采用了将城市建筑轮廓、背景郊野建筑轮廓、远山轮廓相叠加的方法，分析比较平原地域和山区整体天际轮廓线的现状和特征，为下一步整体天际轮廓线的保护和塑造提供依据（图 4-21）。

（*a*）北京昌平整体轮廓线实景照片（局部截取）

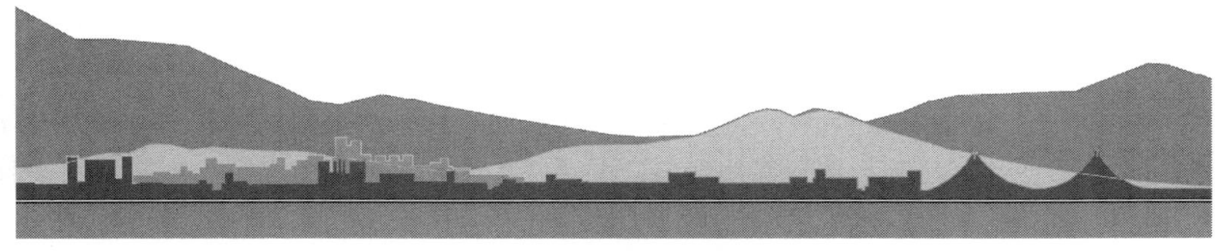

（*b*）北京昌平整体轮廓线分析（局部截取）

图 4-21　北京昌平整体轮廓线示意图（局部截取）

在山区丘陵地带的城市天际轮廓线塑造中，应按照山体的高度和景观特色对城市建筑的布局和开发强度进行控制，合理引导城市建筑呈簇群式发展。对于山体较高的地段，城市的天际轮廓线应以强化山脊线为主，以自然山体作为背景，严格控制城市开发建设强度，在山脊线和建筑轮廓线之间应保持一定的高差；对于地形较平坦的地段，则以强化建筑屋顶所形成的建筑轮廓线为主，根据地段的区位和城市功能，进行适度的开发建设，通过不同开发强度和建筑高度的引导，塑造建筑轮廓线波峰与波谷；对于山体较矮，但自然植被较好的地段，应控制土地的开发强度和建筑的密度，使建筑和自然山体植被相映成趣，和谐共处。

此外，滨水城市由于拥有曲折的岸线，城市活动和各种类型建筑纷纷沿水体岸线展开，而使得滨水城市天际轮廓线具有独特的形象。滨水城市天际轮廓线主要强调城市建筑群与水岸线和滨水空间的关系。

按照水域的面积和形态，滨水城市可以分为滨海城市和滨河城市。滨海城市拥有广阔的水域，呈面状展开，在观赏城市轮廓线时观赏角度和距离较为灵活；而滨河城市水域呈线状，观赏角度受到一定的局限，对河流两侧建筑的高度和体量、滨水空间的空间布局以及观赏角度都有更为严格的要求。

滨水城市天际线由前景天际线和背景天际线组成。前景天际线由两部分组成，即陆域与水域的交界线，以及由沿岸水平展开的城市建筑物、构筑物、沿岸植被、活动空间共同组成的天际线；背景天际线主要指城脊线，即除去城市前景线所包括的建筑物、构筑物所构成的城市建筑群外轮廓线序列，在山区城市中背景天际线往往表现为山体背景线。

在滨水城市天际线塑造中城市天际线应由不同的高度层次组成，强调城市天际线的纵深感。严格控制前景天际线所涉及区域的开发强度，避免城市开发建设活动过多地侵占滨水开放空间，力求形成尺度宜人的滨水控制区。同时对前景天际线所涉及区域内建筑的建筑面宽和高度进行控制，保留背景轮廓线所涉及建筑及背景山体的视线通廊，形成良好的景观纵深，塑造优美的城市天际线。

4.4.3.3 确定景致丰富的城乡风貌视觉廊道

城乡区域层面的风貌视觉廊道作为组织风貌体验的线性要素是体现城乡风貌特征、联系城乡风貌片区的有机网络，它同各种形态类型的城乡风貌景观节点和片区共同构成城乡风貌空间网络。按照风貌视觉廊道的组织形式可以分为实体视觉廊道和抽象视觉廊道，前者主要由区域性景观道路和生态水系构成，风貌景观要素以道路或水系为纽带均衡地布局；后者主要由各类风貌景观要素通过特定的布局手段来强调和突出视觉廊道在空间中的作用和形象。由于城乡总体风貌视觉体系网络的研究尺度较为宏观，在总体视觉廊道的构建中常常采用第一种视觉廊道的构筑方法，第二种视觉廊道的构建方法较适用于风貌片区、风貌单元等中观和微观层面。下文将详细论述城乡风貌视觉廊道的重要景观风貌组织手法。

（1）构建人文内涵丰富的城乡交通景观视觉廊道　道路在城乡范围内是连接城镇、乡村和广大自然地域的纽带，在城市、乡村和其他类型风貌单元内部是组织生产、生活活动的重要“路径”。构建城乡交通景观视觉廊道的重点在于景观道路的选取和道路景观的塑造。在景观道路的选取过程中应结合区域的景观风貌现状，针对各路段呈现出的不同特点，规划各路段采用不同的景观模式。

在山野田园地段，道路景观应结合河流、水库、山峰、植被等综合考虑，合理选择道路线形，形成良好的道路景观视廊。对道路设施、植物配置、周边植被、沿途建筑风貌分别进行详细设计引导；针对沿途交叉口、村庄、道路起讫点等重要景观节点，规划进行详细设计。例如在《北京市延庆县大地景观规划》中，笔者将延庆县重要旅游线路延龙路确立为城乡交通景观视觉廊道，通过对道路两侧的耕地、园地、林地、村庄等景观风貌要素进行特征分析和分段梳理，将整个延龙路两侧的道路景观确立为山脚溪涧、青草幼苗、果园风光、乡村生活四个景观风貌主题区段，对每个景观风貌区段两侧景观构建模式、产业引导和植被选择等提出相应的规划策略，使整个城乡风貌规划具有更强的针对性和可操作性（图 4-22）。

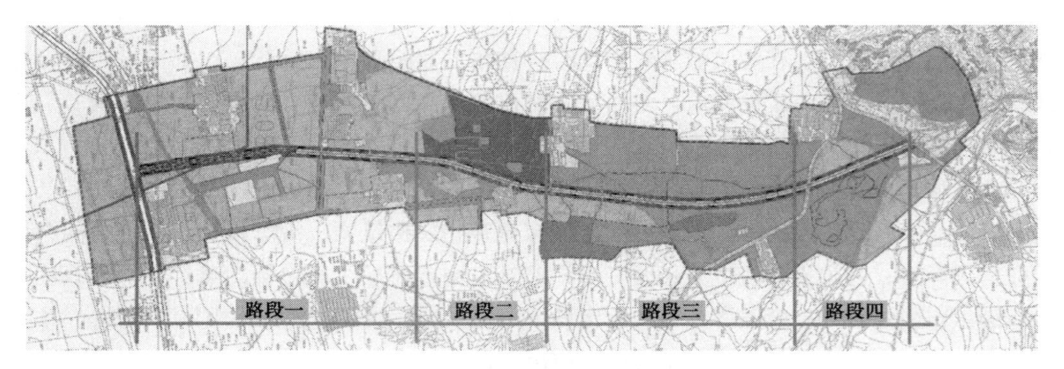

（a）延龙路交通景观视觉廊道现状分析图

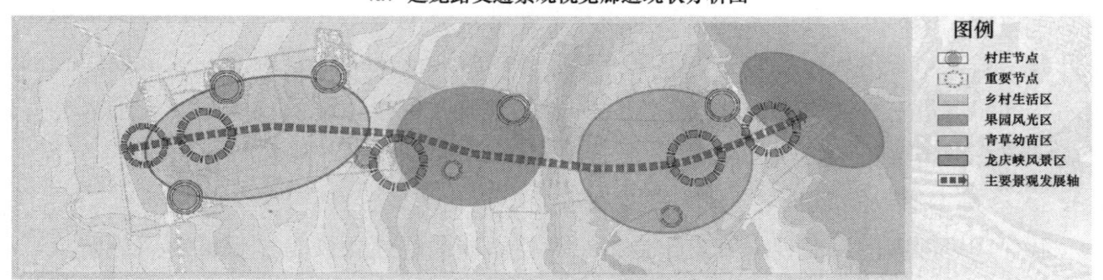

（b）延龙路交通景观视觉廊道风貌分区图

图 4-22　延龙路交通景观视觉廊道风貌

在城市和乡村内部道路作为重要的视觉廊道应体现更多的人文内涵，作为景观道路可以将道路的绿化植被建设同两侧重要的节点和地标规划设计相结合，通过合理控制两侧建筑的风格、色彩，协调高效的组织生活、工作活动，展现交通景观视觉廊道的人文内涵。

（2）构建生态健康的城乡水系景观视觉廊道　　河流水系作为城乡生态廊道的特殊形式承载着维护生态多样性和景观游憩的功能。由于河流有一定的宽度，并且两侧往往有一定的防护绿带，一般具有较为开阔的视野，成为城乡景观视觉廊道的特殊形式。在城乡水系景观视觉廊道的构建中应严格控制河道及其两侧防护绿地的宽度，综合考虑河道两侧植物的配植，突出不同区段的景观特质。在植物种植时应特别注意植物对两岸重要景观节点的遮挡，做到河岸两侧开闭有序，保留重要景观风貌节点的视线通透性。由于早期的城市和乡村大多依水而居，城市产业滨水布置，应合理保留河流两侧具有一定历史文化价值的文化遗产。

河流水系景观视觉廊道需要各种服务设施和活动内容的支持，应积极开展各种水上游览活动，在河岸两侧结合防护绿地和各类景观风貌节点建立步行道、非机动车道、旅游专线路径连续贯通的游憩网络。

（3）烘托强化抽象景观视觉廊道　抽象的景观视觉廊道往往借助于视域范围内的各类景观风貌要素，通过风貌要素成一定空间序列均衡、稳定的布置来突出其轴线特征。在城乡风貌的塑造过程中，应在这类轴线两侧均衡地布置区域内重要的人工构筑物和自然景观要素，通过对景和借景等规划设计手法延续视觉廊道。例如，日本（株）RIA都市建筑设计研究所在“鄂尔多斯市青春山新城中心区城市设计”（图4-23）中采用中轴对称的布局方式，在城市中心以区域北端的青春山公园为起点，布置以党政大楼、人大和政协大楼等组成的新城行政中心，并向南依次布置文化中心、商业金融中心等公共建筑，通过城市开放空间和公共服务中心的空间叠加塑造了特征鲜明的景观视觉廊道。

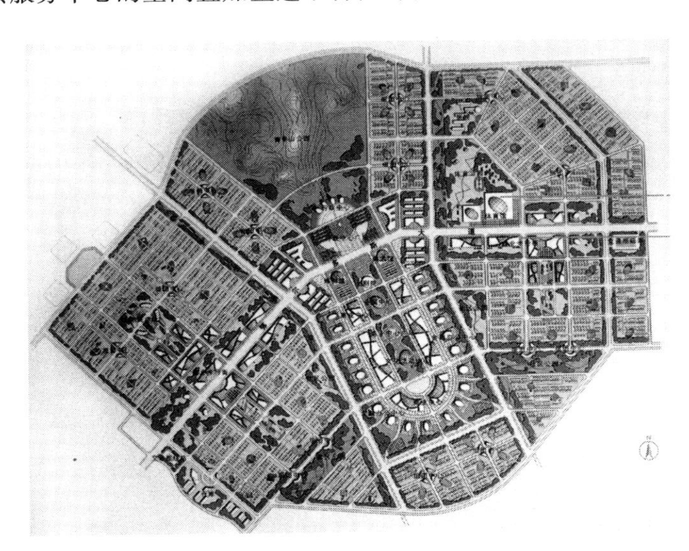

图4-23　鄂尔多斯市青春山新城中心区城市设计平面图

资料来源：上林国际文化有限公司．最新城市规划设计［M］．武汉：华中科技大学出版社，2007.

4.4.3.4　塑造形象突出的节点景观

城乡范围内重要的景观风貌节点是指景观风貌要素集中或景观风貌特征鲜明的点状或块状区域，人们往往通过这些重要的景观风貌节点来感知区域的风貌形象，因此在城乡风貌景观视觉网络的建构中，重要景观风貌节点的选取和主题的确立显得尤为重要。

塑造形象突出的风貌景观节点首先要对现有重要节点进行风貌塑造，并在城乡突出位置设置新的风貌景观节点。在城乡范围内重要节点往往成为人们感知城乡风貌特色的主要场所，因此在重要节点的位置选择上一定要突出节点的可感知性，即将节点布置在城乡范围内较容易被感知的地段。这些地段往往是城市和乡村的入口、公共活动中心、重要交通节点、滨水地带、城乡范围内的区域制高点等。

风貌景观节点按照其规模、位置和特征可分为区域风貌景观节点、片区风貌景观节点和单元风貌景观节点，在具体的风貌塑造过程中应通过优化城乡开放空间系统和区域标志系统来建立等级有序的风貌景观节点；并通过重要观景点和眺望点的选取建立视线通廊和强化区域风貌特征。

此外，景观节点的重要性除体现在其位于易感知的空间位置外，还要求景观节点拥有突出的形象，而突出的景观形象除拥有赏心悦目的外表外，还要有深刻的文化内涵。大到一座城市、一个村落，小到一个街区、一条街道，都有其存在的特殊性，而景观节点则是表现这种特殊性的重要媒介。要想塑造形象突出的景观节点，应深入挖掘所在区域的历史文化资源、景观风貌特色、重要历史事件等对区域影响重大的要素，在景观节点主题确定、环境塑造等方面力求延续地域文脉和凸显节点的场所精神。如在众多城乡开放空间中广场空间由于可以提供大面积的开敞空间，而成为最受管理者青睐和人们休闲活动最为集中的地方，也成为最能感知地区风貌特色的节点空间。无论是尺度规模较大的城市广场，还是乡村内部的小型活动场地，都是地区历史文化特色和人文景观风貌的重要载体。要塑造风貌特征鲜明的广场空间，应保证广场具有较高的使用率，能够聚集大量的“人气”。

（1）因地制宜地选择广场的位置　广场的位置选择是决定广场风貌特色塑造的首要因素，位置得当的广场由于可以为使用者提供舒适的小气候环境，满足使用者对阳光和空气的需求，而可以聚集大量的“人气”，不但可以使使用者感知广场内部及周边风貌要素成为可能，而且可以保障广场人文活动景观的形成。

（2）合理确定广场的规模尺度　广场的规模与尺度在一定程度上体现着场所的精神内涵，规模宏大的城市广场体现着城市的开放和大度，尺度小巧的广场给人一种亲切宜人的感觉。在广场规划建设时应该根据广场的性质、功能和景观要求合理确定广场的尺度规模。

（3）构建复合的广场空间层次　层次丰富的广场具有更强的趣味性，可以满足使用者不同的需求，吸引更多的使用者。通过平面型广场和下沉广场的结合，实现地上空间和地下空间的立体化开发，满足不同季节和不同天气下的使用需求。实践证明这种做法不仅提高了广场空间的趣味性，而且进一步实现了土地的经济价值。

（4）创造人性化的场所环境　人性化的广场设计不仅包括尺度适宜的环境设施，还应包括场所精神浓郁的人文景观小品。保持高使用率的广场空间应注重环境设计的四季皆宜，通过不同类型树种的合理搭配，强化广场景观的季节差异，使广场在一年四季表现出不同的自然生态景观。此外，在广场景观小品的设置上应体现当地历史文化题材，并与广场主体功能相符。最后，还应注意广场设施的材质、色彩等对使用者生理、心理以及活动开展等方面的影响。

4.4.3.5　构建层次清晰的城乡色彩体系

色彩是城乡风貌系统中最容易被感知的视觉元素之一，也是最容易形成记忆的风貌特色要素。不同的色彩可以给人以不同的心理感受，表达不同的场所性格，从而影响着区域的风貌特色。

城乡风貌色彩结构的形成和发展受到自然和人文两方面因素的影响，涉及的内容方方面面。按照不同的分类标准可以将城乡风貌色彩结构分为不同的类型。从色彩在系统中的比重和作用可以分为基本色、辅助色和点缀色；按照色彩的稳定程度可以分为“固定色和流动色、永久色和临时色”❶；按照色彩的物理特征可以分为自然色和人工色。在具体的色彩控制中各种分类方法可以结合使用，以形成和谐整体的城乡风貌色彩结构。

城乡风貌色彩系统的控制引导过程就是确定城乡风貌系统的整体色彩构成，在此基础上对城乡色彩结构进行保护和培育的过程。具体包括基本色的确立和辅助色的选取与控制引导。基本色是在城乡漫长的发展过程中，经过不断地发展演进，在整个色彩结构体系中逐步确立下来的具有规模和特质优势的色调。这种色调具有广泛的心理认同感，可以代表所在风貌区的整体个性。❷ 在具体的控制引导中应注意各风貌区、各种类型色彩的差异性，在整体协调的基础上突出各风貌区的色彩个性。辅助色在城乡色彩体系中起到调节色彩层次和丰富色彩内涵的作用，同样是城乡色彩结构体系中的重要控制内容。

（1）城乡自然色彩控制引导　　自然色彩构成了整个城乡地域的色彩背景，是城乡色彩体系建构的重要内容。自然色彩主要是指自然植被、岩石土壤、水体、天空等自然要素所表现出来的色彩特征。一般情况下对自然山石、水体、天空的颜色进行人为的色彩控制很难，本书主要论述自然植被色彩的控制引导。不同地域由于温度、湿度、降水等气候条件存在很大差异，从而造成城乡自然色彩构成存在很大差异。对城乡自然色彩进行控制引导就是要体现原始自然植被色彩的自然韵味和人工自然色彩的田园气息。

① 塑造自然韵味十足的原始自然植被色彩　　自然植被的生长具有一定的周期性，伴随着季节的变化，自然植被的颜色构成和颜色比例会不断地发生变化。自然植被色彩塑造的前提是尽量保护和选用当地的植被物种。当地植被具有较强的适应性，而且可以凸显具有地域特色和原始风味的色彩景观。在自然植被色彩控制引导中应充分研究不同植被的色相、明度、纯度等色彩要素随季节和时间的变化规律。通过色彩的对比塑造层次丰富的色彩结构，通过相似色的运用塑造整体和谐的色彩体系。例如在我国北方冬季大部分自然植被的叶子脱落，植物枝干的颜色以棕色和绿色为主，为了使整个自然植被色彩变得丰富，可以以棕色植被为背景，散植一些绿色或其他颜色的植被起到活泼色彩氛围的作用。又比如在夏季自然山林地区虽然整体色调为绿色，但是可以通过翠绿、灰绿等相似色的搭配来烘托整个自然山林地区绿色盎然的色彩氛围。

此外，植被随时间的变化和季节的推移所表现出来的光影变化也是自然植被色彩控制应研究的重要内容。不同的光影变化可以表现出不同的色彩效果，通过具有不同光影变化规律植被的组合配置，可以丰富整个城乡的色彩层次。

② 塑造田园气息浓厚的农业生产景观色彩　　农业生产景观色彩结构除了受季节气候的影响外，还受到农业种植规律的影响。其色彩控制主要是对种植作物的选择和空间布局

❶ 刘学飞. 德州市城市总体规划阶段城市特色构建研究［D］. 武汉：武汉大学，2005.

❷ 邵岩峰，宮原和明，庄山茂子. 色彩が町並みの景観印象に与える影響についての基礎的研究：ドイツ，中国，日本の町並み景観について［J］. 日本，中国の大学生による評価，日本建築学会研究報告. 九州支部. 3，計画系，2010（49）：333-336.

的安排。其色彩控制引导方法同原始自然植被色彩控制方法相类似，但其色彩性格应以凸显现代田园气息为主。

此外，农业景观色彩的控制应充分利用原有地形地貌塑造丰富的色彩层次。例如，“金华市塔石乡的高山梯田景观（图 4-24），它在地形与地貌相结合下所呈现出的独具特色的软质景观色彩，使该地域的景观色彩独具魅力。”❶

图 4-24　金华市塔石乡的高山梯田景观

资料来源：http://southphoto.cn/view_pic.asp? id=49505[OL].

（2）城乡人工色彩控制导引　城乡人工色彩由城镇和乡村建设用地范围内的建（构）筑物、道路广场以及各种类型附属设施组成，它是相对于山水、植物等自然要素的天然色彩而言的。

① 构建色彩分区明确的城市人工色彩风貌　城市人工色彩主要由城市中以建筑物和构筑物为代表的建筑色彩和以道路、绿化、市政设施等为代表的环境设施系统色彩构成。塑造良好的城市人工色彩是体现城市区域风貌个性的重要手段。

a）城市建筑色彩控制引导

在城市色彩结构体系中，建筑色彩是城市色彩体系的重要组成部分，它体现着城市的风格底蕴和民族的精神内涵。由于城市的功能复杂多样，使得建筑的使用性质和功能同样具有多样性。建筑色彩在很大程度上是与建筑的功能相适应的，从而造就了纷繁复杂的城市建筑色彩体系。建筑的色彩在很大程度上影响着人的行为心理模式。例如，红色象征着热情、奔放，可以促进人们的消费欲望，可大量在商业建筑上使用；灰色象征着诚恳、稳重，可展现一种权利和智慧，而大量的在办公建筑上使用。

宏观层面的城市建筑色彩控制引导应以体现城市历史底蕴和服务城市功能为目标。通过深入研究城市功能定位、民族构成、地理环境等因素，对现有建筑色彩结构进行提炼和升华，确定城市总体色彩基调。例如我国北方寒地城市哈尔滨由于处于寒冷地区、冬季冰雪资源丰富，城市主色调以米黄色和黄白相间的暖色调为主（图 4-25），这既可以在寒冷

❶ 施俊天. 乡村景观色彩营造的提炼与置换 [J]. 艺术空间（文艺争鸣），2010（7）：134-136.

天气下给市民带来一丝暖意，又强化了哈尔滨欧式建筑风格和冰雪文化特征。

图 4-25　哈尔滨米黄色建筑

中观层面的城市建筑色彩控制引导应以城市总体建筑色彩基调为依据，对城市建筑色彩进行适宜的色彩分区，通过各片区主要城市功能的提炼，确定各片区的基本色和辅助色，以此作为指导下一层次具体的建筑色彩规划的依据。例如，我们可以按照城市功能建筑的空间分布特征将整个城市建筑色彩分为居住区建筑色彩、商业区建筑色彩、办公区建筑色彩、工业区建筑色彩等分别进行色彩控制引导。每个城市主要职能不同，所存在的功能建筑类型和空间分布特征也有所区别，但色彩区划方法是具有一般性和普遍性的，具体城市可根据自身实际情况进行有针对性的控制引导。

在微观层面的建筑色彩控制中，应以人的最佳观赏视角为依据，根据建筑的高度和街道的宽度确定建筑色彩的重要控制部位。通过对建筑屋顶色彩和墙体色彩的控制和引导，来确定片区基本色和辅助色。通过对建筑门窗、檐口、栏杆等建筑构件色彩的控制引导来确定片区的点缀色，丰富片区的色彩构成。

b）努力塑造具有地域特色的城市环境设施系统色彩风貌

本书所指的城市环境设施是指城市中除主要建筑物和构筑物之外的道路交通设施、景观绿化设施、休闲游憩设施、市政设施等。由于这类设置广泛分布于城市风貌感知路径两侧，大部分设施的高度在可视范围之内，设施体量接近人体尺度而成为城市色彩控制的重要内容。城市设施系统要素众多、色彩丰富，能够很好地起到丰富城市色彩层次的作用。

城市环境设施色彩控制应根据各类环境设施的特殊使用要求进行色彩控制引导，例如在道路设施色彩控制引导中应首先满足设施的安全使用要求，在色彩选择上应强调色彩的易识别性和警戒性，可采用具有视觉冲击力的色彩；而景观绿化设施主要以丰富城市景观层次和塑造良好生活环境为主，具体的色彩控制应以植被的绿色为基本色，以景观设施的暖色调为辅助色。需指出的是这类环境设施的色彩大部分属于城市的临时色彩，以商业街区为例，随着商业建筑功能的改变，其外面的广告牌、橱窗、灯饰的类型都会进行改变。因此在具体的规划控制时应对各类设施的色彩面积、位置进行适当的控制引导，以维持区域内色彩的总体结构。

图 4-26　哈尔滨米黄色和白色相间护栏

与此同时，城市环境设施系统的色彩在与其自身功能相匹配的基础上，还应与城市整体的色彩基调相协调，且兼顾区域的气候特征。例如，哈尔滨原意大利领事馆附近护栏色彩采用了作为哈尔滨城市主色调的米黄色和白色，既与其周围的建筑在色彩上取得了协调，又丰富了街道景观（图 4-26）。

c）构架色彩和谐统一的乡村人工色彩风貌

乡村人工色彩主要是指村庄居民点内部建筑物、构筑物、道路和设施系统所表现出来的颜色。由于村庄居民点的职能相对较为单一，其色彩构成相对城市色彩构成来说较为简单，整个村庄甚至一定地域内的多个村庄在整体色彩构成上都具有很大的相似性。

② 乡村建筑色彩控制引导　我国各民族的传统民居大多拥有个性鲜明的色彩特征，例如在安徽地区传统民居的整体色彩感觉可以概括为粉墙黛瓦，而在北方平原地区则表现为灰砖青瓦的整体色彩感觉（图 4-27）。

（*a*）安徽传统民居

资料来源：中国古镇图鉴

（*b*）北方平原地区建筑

资料来源：http://malay.cri.cn/741/2008/11/22/124s91968.htm

图 4-27　不同地区的建筑

这种现象主要是由当地的自然地理条件、民族宗教信仰和我国古代严格的等级建造制度所造成的。传统民居的色彩是传统乡村人居环境色彩的主要内容。例如在我国古代朱红色、黄色只有帝王才可以使用，而普通居民的住宅大多数采用灰色；不同的民族和宗教地区有着不同的色彩价值观念，“佛教倾向黄和白，道教倾向黑和黄，伊斯兰教倾向白、黑色和绿色；土家族、白族等倾向白，彝族、拉祜族、阿昌族等倾向黑，哈尼族倾向红和黑，基诺族倾向白。”[1] 然而随着新农村规划的开展，一些乡村地区盲目地模仿城市建设，现代乡村色彩混杂的现象尤为严重，传统的乡村色彩韵味逐步消失。在对乡村建筑色彩进行控制引导时，应特别注意对传统民居色彩的提炼和新建居民聚落色彩体系的构建。

传统民居是在长期的发展过程中形成的，它已经形成了相对固定的色彩体系，并同周围的环境色彩和谐共生。这种色彩构成是与当地的自然地理气候相适应的，是与当地居民的色彩审美心理需求相呼应的。传统民居聚落色彩控制主要是对现有建筑的色彩进行分析提炼，确定传统民居聚落的建筑色彩基调，以此作为彰显乡村地域文化的重要手段。

随着经济的发展，部分乡村住宅在原有村落基础上进行翻新，其他一些乡村住宅独立于原有村落之外进行建设，这些新建居民聚落无论是建筑材料，还是建筑色彩都与传统民居存在一定差异。对新建居民聚落进行色彩控制引导应借鉴传统民居色彩体系的优良部分，并在此基础上进行发展演变，使新建居民聚落的色彩体现出应有的时代特征。

---

[1] 余柏椿. 非常城市设计——思想・系统・细节［M］. 北京：中国建筑工业出版社，2008.

③ 积极培育具有地域特色的乡村环境设施系统色彩风貌　乡村环境设施系统在组成要素类型上与城市环境设施系统相比较为简单，主要包括村庄内部的道路照明设施、交通指示设施、休憩座椅、花坛、健身器械等，这些设施的色彩应同所在乡村的整体文化氛围和村庄特色相适应，具体的色彩控制引导方法同城市环境设施系统色彩控制引导方法相似，本书不再赘述。

(3) 特殊色彩系统的控制引导　在对城乡色彩风貌进行控制引导时，还应用发展的眼光对城乡色彩系统中一些流动色彩进行合理的控制引导。城乡范围内的流动色主要是指城市中的公共汽车、出租车等交通工具和行人服饰的色彩。由于城市内交通工具密集，交通流量巨大，因此对城乡范围内流动色彩进行规划控制重点是对城市内流动色彩进行控制。由于私家车在色彩上很难进行控制，流动交通工具的色彩控制主要针对的是公共汽车和出租车。由于公共交通在城市交通中占有很大比重，其色彩构成在很大程度上影响着一定地域内的景观风貌。杂乱无章的流动色彩会让人眼花缭乱，使整个区域内景观风貌变得支离破碎。例如日本东京市民曾经因为“面对艳丽的、高彩度的公交车、出租车，以及色彩迷幻闪烁的霓虹灯、五颜六色的广告和刺眼的玻璃幕墙，感到头晕目眩、心绪烦躁”❶，而迫使东京市政当局对城市流动色彩和临时色彩进行控制。公共交通工具的色彩控制，应以城市整体风貌定位和城市建筑色彩定位为依据，合理确定公共交通的色彩三要素，对各色彩的位置和比例提出引导建议。通过简洁大方的公共交通工具色彩来展现城市的良好风貌。

行人服饰作为城乡区域内重要的流动色彩，应成为城乡风貌特色塑造的关键点。我国少数民族众多，不同民族拥有不同的民族服饰。此外，在城市内不同职业往往也拥有不同的服饰。行人服饰色彩的控制主要是对地区传统服饰色彩的提炼和升华，对不同职业人员的服饰色彩进行设计，也可以强化不同区域的整体风貌特征。

需指出的是，不论是原始自然植被色彩控制还是农业生产景观色彩控制，都应充分考虑其周围背景天空、河流、土壤等自然色彩，将各类色彩进行统一规划，或融于天然色彩之中，或突出于自然色彩之外。

4.5　城乡经济产业风貌系统

4.5.1　城乡经济产业风貌的内涵

城乡经济产业的发展可以促进城乡风貌的建设，同时城乡风貌建设也会促进城乡经济产业发展。在建立产业风貌体系结构的基础上，对重点片区产业风貌进行引导。

城乡经济产业风貌影响着城乡文化的内容和外在表现形式，更深刻影响着城乡建设用地布局和自然景观特征。例如我国一些以资源开采为主的地区，早期的城乡居民点以矿区生产和家属生活服务为主要目的，往往伴随着工矿企业的设置而布局，并伴随着工矿企业

---

❶ 李春艳. 城市色彩设计的新思考 [J]. 农业科技与信息（现代园林），2010 (1)：21-23.

的迁移而衰落。在居民点内部街道的布局、生产经营活动大都围绕矿产资源开采、加工、机械修理、行政管理等职能展开，由于其特殊的生产建设活动，城乡范围内的风貌景观也同其他地区存在较大差别，例如在油田开采区域，城乡范围内到处是油井和灌木丛相间的生产景象。而在水运码头区域，江河湖海岸线广泛分布着大小码头、船厂、仓库等与水路运输相关的制造、储藏和附属服务设施等。深入研究城乡产业同城乡风貌的关系是合理塑造城乡风貌特色的重要前提和保证。

4.5.2 城乡经济产业风貌系统的结构特征

城乡产业风貌的空间形态决定着不同产业风貌的分布、边界形态和内部形象。对城乡产业风貌空间形态的研究是划定城乡产业风貌范围和塑造城乡产业风貌的重要依据。在城乡经济产业风貌系统的构建过程中，按照产业风貌区的形状和规模可以分为面状产业风貌区、线状产业风貌带和块状产业风貌点（见表 4-2）。按照产业的协调关系可以分为主导产业风貌区、辅助产业风貌区，以及其他产业风貌区。

城乡产业风貌区空间形态构成表 **表 4-2**

分　类	主要内容
面状产业风貌区	城市产业区、农业种植区、林业发展区等
线状产业风貌区	产业走廊、带状旅游体验区等
块状产业风貌区	城市商业中心、高层办公区、旅游风景区、现代工业园区等

4.5.3 城乡经济产业风貌特色的规划对策

4.5.3.1 充分利用城乡特色资源打造特色产业风貌

城乡经济产业风貌的建设目标应以发展区域特色产业为主，形成外部产业优势和内部产业协调发展的产业集群。

在对城乡经济产业风貌进行塑造前，应明确城乡产业结构，而其确立需借助经济地理学有关区位资源和资源丰度的相关理论。“区位资源是指一个城市的位置与其他城市相比较的优势，包括地理区位和市场区位，地理区位是城市区位资源的基础，市场区位是城市资源的决定力量；资源丰度通常指自然资源的丰富程度，既可指单项资源的丰度，也可指某类资源组合的丰度，又可指某个国家或地区内各种自然资源的总体丰度。”[1]

一个地区的资源丰度决定着地区的产业选择和发展方向，进而影响着城乡风貌的形成与变化。纵观国内外众多在区域和国际竞争中具有优势的城市，都以其独特的地理区位、政策条件、特殊的自然或矿产资源、浓郁的历史人文资源等作为其产业发展和文化塑造的依托，通过具有核心竞争力的产业的发展来创造一种独具特色的产业文化，并使其融入人们的日常生活和城市风貌建设之中，从而提高整个地区的竞争力和凝聚力。[2] 例如，20 世

---

[1] 黄兴国，石来德. 城市特色资源辨析与转化 [J]. 同济大学学报（社会科学版），2006（2）：31-38.

[2] Henry David Venema，Ahl H. Calamai. Bioenergy Systems Planning Using Location-Allocation and Landscape Ecology Design Principles [J]. Annals of Operations Research，2003（123）：241-264.

纪 80 年代末我国为了改变旧有的经济体制，积极引进外资，探索社会主义现代化建设道路，在广东省深圳市成立经济特区，使原来的一个小渔村一跃成为中国对外交流和发展的窗口。作为一个移民城市和经济特区，深圳在长期发展过程中逐渐形成了多文化交融、包容大气、敢于创新的城市特色形象，形成了区别于内地城市的独特城市风貌。

（1）利用区域特色资源塑造城乡产业风貌　　塑造具有特色的城乡经济产业风貌关键在于如何实现地区特色资源的产业化发展。特色资源的产业化发展就是以特色资源为原型或原料，通过加工和形象塑造等手段向外界源源不断地传递信息或服务，并以特色经济产业的发展为契机，加强区域文化风貌的塑造和推动相关产业的发展。例如美国内华达州的拉斯韦加斯原本只是一个拥有两万人的小镇，美国联邦政府为了发展内华达州的经济，特许该州可以开办赌博等娱乐活动，使得拉斯韦加斯发展成为世界赌城和休闲之都。这里的城市色彩绚丽、建筑金碧辉煌、华丽壮美，休闲娱乐氛围浓厚（图 4-28）。近年来，为了取得进一步的发展，拉斯韦加斯利用其优越的服务设施条件和巨大的人流、信息流不断拓展城市的展览业，并在展览业的发展上着重强调展览活动的专业化、高端化、规模化和持续化，为拉斯韦加斯带来源源不断的发展动力，最终使拉斯韦加斯成为集博彩文化、观光文化和展览文化于一身的国际知名城市。

图 4-28　拉斯韦加斯的建筑

资料来源：http://hi.baidu.com/yjr47361699/album/item/177abc3569a0ea0f241f1430.html#[OL].

（2）实现传统特色资源的产业化发展　　中华民族有着悠久的历史，城乡地域内存在大量的传统特色资源。这些传统特色资源不仅仅具有传承历史、保存文化信息的作用，同样有推动区域经济发展和塑造特色产业形象的作用。在城乡经济产业风貌的塑造过程中应将传统特色资源作为一种产业资源来对待。在传统特色资源的产业化发展过程中应选取那些具有区域影响力、声名远播的传统特色资源，这类资源不但可以引起当地居民的自豪感，而且对区域外人员具有很强的吸引力。例如提到北京时除了想到故宫、天坛外，还会想起全聚德的老北京烤鸭；提到天津便会想起桂发祥十八街麻花、狗不理包子和杨柳青年画。这些传统的特色资源大多发源于当地居民的日常生活，传承至今有着深厚的文化内涵和时代根基，在一定程度上代表着发源地的形象。

实现传统特色资源的产业化发展不但要保护好特色资源独特的文化内涵和传统工艺技术，而且要按照现代的生产生活方式对其进行深加工，使地域的资源优势转化为产业发展优势，并运用现代的营销手段对其进行包装和宣传，提高产品的知名度和享誉度。最终实现传统特色资源的价值增值和地区产业形象的塑造。现阶段，我国大力开展的新农村建设中，产业差异化发展是塑造农村风貌特色和发展农村经济的重要手段。20 世纪 70 年代日本的新农村规划便提出“一村一品”计划，很大程度上实现了农村传统产业的差异化发展。在具体的农村风貌规划和产业引导中，应在尊重原有产业基础和地域环境的前提下，注重差异化经营，延长产业链，提升农村产业和农产品的文化内涵。例如北京市延庆县柳沟村在其“一村一品”项目策划中积极开展乡村旅游产品，以“游”为龙头，以“乡”为根本，以“文化”为灵魂，以“创意”为手段，依托其原有的“火锅盆—豆腐宴”特色饮食文化，积极开发相关的文化旅游产品，针对不同消费需求开发不同档次的套餐。通过完善旅游服务设施，为游客提供参观和参与豆腐制作过程的博物馆和作坊，不但实现了村庄经济的特色发展，保护和弘扬了村庄特有的饮食文化特色，实现了村庄景观环境的整治，而且创造了就业机会、增加了村民的经济收入。

(3) 整合城乡各类资源发展区域特色经济　若一定地域范围内同类或相似主题风貌特色要素和符号高度密集，那么此地便会表现出鲜明的风貌特色。要想塑造特征鲜明的城乡风貌特色必须整合城乡范围内各类资源要素，将整个城乡地区分为不同的产业风貌主题区域，凸显与产业发展主题相关的要素的形象。例如，北京市延庆县为促进山区经济社会发展、农民致富，提出了发展山区沟域经济的发展战略。通过对县域一百多条沟域的资源状况进行系统调查，以延庆县生态涵养的主体功能定位为依据，通过整合各乡镇旅游景点、自然风景区、观光采摘园、人文景观、民俗文化等资源，提出打造“千家店镇百里山水画廊”、“旧县镇龙庆峡郊野森林公园”等不同主题的特色沟域（图 4-29）。不但改善了县域人文和生态环境，而且有效地推动了农业观光产业和生态休闲旅游的融合，为延庆县发展特色经济打下了坚实的基础。

在城乡资源要素的整合过程中应注意资源要素在空间地域上的分布往往是不均衡的，为达到将相关资源要素进行整合和突出形象的目的，需在整个系统内加入新的要素来起到连接分散的资源要素和增加资源点的作用。新的要素可能是一些物质要素，也可能是一些技术、知识。在具体的城乡风貌塑造过程中应根据地区的实际情况进行合理选择。例如在北京市延庆县“千家店镇百里山水画廊”的建设过程中，为了连接分散的旅游景点、民俗村落等点状资源要素，对旅游线路两侧的裸露岩石进行主题彩绘、植被的美化种植和景观

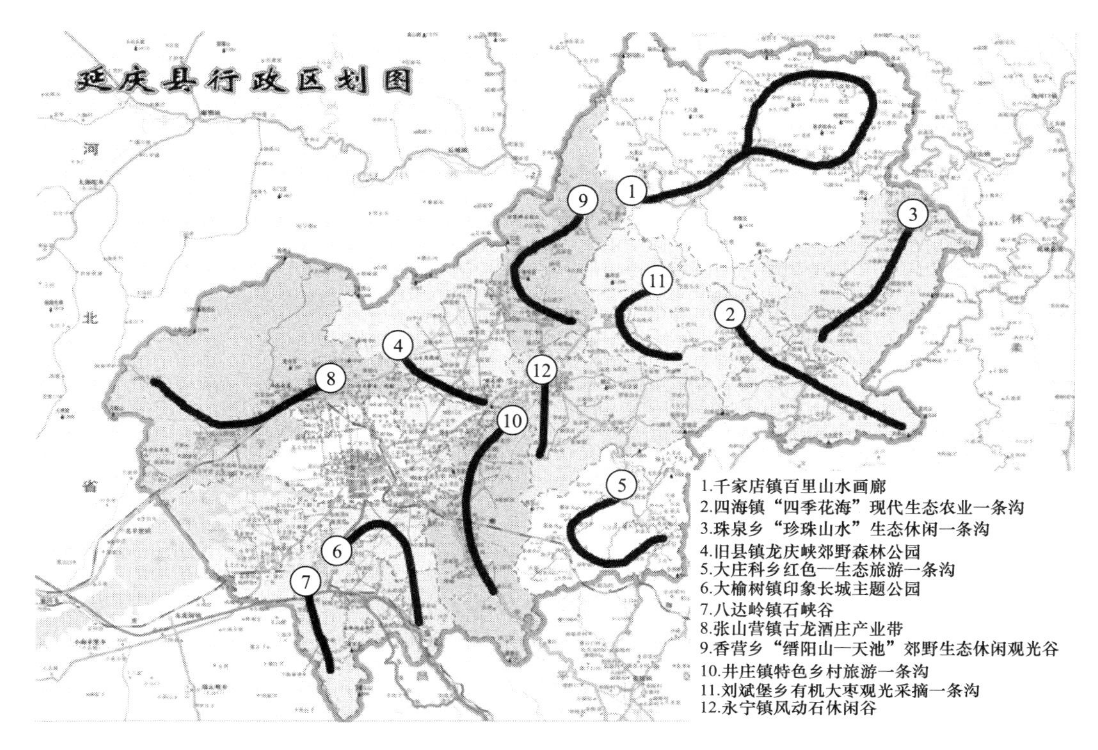

图4-29 延庆县重点发展沟域分布示意图

资料来源：延庆县沟域经济发展规划（2010—2014）

小品的设置，既丰富了区域内景观环境，又起到了很好的引导作用。

4.5.3.2 塑造形象特征鲜明的经济产业园区风貌

城乡地域范围内各类组成要素之间存在着广泛的联系，要素间的组合关系、空间布局和风格样式是政治、经济、文化等各类活动综合作用的结果，是城乡功能的具体化和空间化。

在市场经济背景下为了实现资源共享和降低成本，相似或相关企业开始选择在一定地域内高度集聚，形成了城乡范围内的产业集聚，其结果是在城乡地域内形成了各种类型的产业园区，这些产业园区成为各类型经济产业风貌的典型代表。[1] 因此，本书对城乡经济产业风貌的研究，主要集中在对各类型经济产业园区的风貌研究和控制上。

由于不同的产业需要不同的物质载体来支撑，从区位的选择、场地的布局到功能建筑的设计和环境的营造，都受到产业发展的特殊要求。塑造风貌特色鲜明的经济产业风貌区必须在风貌分区的基础上确定各风貌区的主要职能和进行主导产业的选择，并进一步确定服务于功能和产业的空间形态和景观环境设计。因此，城乡经济产业风貌塑造是一个深入研究不同经济产业园区的物质构成—确定经济产业园区的风貌表现形式—进行经济产业园区风貌控制和引导的过程。下文将对城乡范围内产业聚集度高、风貌特征鲜明的风貌区域

[1] Julie Crick, Linda Stalker Prokopy. Prevalence of Conservation Design in an Agriculture-Dominated Landscape: The Case of Northern Indiana [J]. Environmental Management, 2009 (43): 1048-1060.

进行风貌解析并提出风貌控制引导策略。

（1）商业商务区景观风貌控制与引导　伴随着城市经济的发展，城市中心区的地租越来越贵，传统的工厂和居住等建筑逐渐从城市中心区迁出，那些能够支付高租金的商业、商务、文化娱乐等服务业由于需利用城市中心区的优越位置来吸引各类消费流和信息流，而大量地向城市中心区聚集，形成城市商业商务中心区。城市商业商务区由于“开发强度高、功能活动积聚度高”[1]，承载着大量的商务办公、购物休闲等活动，而成为城市中最具活力和特色最为鲜明的区域。同时应看到商务和商业活动有着本质的区别，随着城市经济的发展和社会分工的逐步细化，城市中的商业和商务活动逐渐在空间地域上走向分离。城市商务区以大量的现代化写字楼、少量的高级住宅公寓和完善的基础设施为其主要构成要素，而商业区由于承担了大量的生活功能，除了拥有大量传统意义的商业店铺外，还拥有与购物活动相结合的餐饮、娱乐、展示等活动空间。

商业中心为了充分体现其休闲游憩功能，激发行人购物和参与的热情，应注重步行环境的建设。通过商业建筑、街道、广场、环境设施的不同组合，营造各种情景化的街区环境，使游人不仅仅是环境的观赏者，更是环境的参与者和街区活力的保持者。为激发商业街区内行人活动，应强调建筑内外空间的模糊界定，商业建筑的室内空间同街区空间之间应是相互渗透的，使街道生活同商业活动和谐交织。同时，宜人的空间尺度是促进商业活动的前提和基础，而现代商业街区尺度越来越大，大尺度的空间并不利于购物活动的开展，应利用地形高差、场地铺装、景观绿化、休息设施等对空间进行划分，形成不同主题的活动区域，满足购物和游憩的不同需求。

商务办公区最显著的特征便是商务办公活动高度聚集，而且往往是城市中土地开发强度最高的区域，城市地标或城市标志性建筑群是城市商务中心区的重要组成部分。在具体的规划建设中为了避免高层建筑设计和建筑中盲目攀比、标新立异等现象的产生，应对商务区进行合理的城市设计和开发引导，对建筑的体量、色彩、建筑后退等进行合理的引导；同时，为了消除高层建筑对人的压迫感，为区域内商务办公人员提供可供休息交流和放松心情的场所环境，应合理地规划街区开放空间，实现高层建筑与城市街道和开放空间的有效衔接。利用建筑后退距离进行景观环境绿化；通过步行道的建设将整个商务街区的广场、绿地、水体等开放空间联系起来，最终实现商务中心区步行空间、办公空间和休闲空间的网络化发展。

此外，为了实现便捷和高效的联系，现代城市商业中心和商务中心往往与区域内公交车站、地铁车站等交通枢纽相衔接，对站点周边用地进行立体式开发，以提高商业商务中心的可达性，为其带来大量的消费人群和合作机会。在具体规划设计中应综合考虑交通枢纽同商业、商务活动之间的关系，合理引导交通枢纽站点附近的业态发展，最终实现各种业态合理布局、均衡发展的目标。

（2）传统工业园区景观风貌控制与引导　工业园区是在一定面积的土地上聚集大量的工业企业的区域，园区内存在大量的工业建筑、生产设施和生活服务设施。按照园区内

---

[1] 张玲．商务与商业分离背景下城市中心区景观空间解析［D］．西安：西安建筑科技大学，2006．

企业生产活动对环境的污染程度可以将工业园区分为具有一定污染的传统工业园区和无污染的高科技产业园区。具有一定污染的工业园区的发展经历了从传统工业园区向现代生态工业园区的转变。传统工业园区以资源密集型企业为主，往往存在污染严重、环境质量差等问题。近年来人们逐渐强调循环经济和生态理念，强调生产企业间的生态关联，生产企业和园区环境协调发展的生态工业园区便应运而生。传统的工业园区逐渐搬迁到郊区或进行了相关的生态改造，与此同时工业园区的景观环境建设显得尤为重要。

现代生态工业园区的首要职能便是其工业生产，工业厂房和生产服务设施是现代生态工业园的环境主体要素。生态工业园区的景观风貌应突出其工业建筑的形态美和生产服务设施的机械美，通过新材料、新技术、新工艺的应用，实现工业建筑的更新改造和厂区设施建设。按照园区工业类型和生产要求对工业厂房的材料、色彩、建筑形态进行规划引导。由于工业生产的特殊需求，工业厂房往往拥有较大的空间跨度和较高的层高，整个工业园区的建筑和设施应表现出一种简洁、大方的形象。

现代生态工业园区强调良好的工作环境和景观绿化的生态防护效应，在进行园区景观风貌控制时应遵循生态循环的设计理念，园区的景观绿化系统规划应依托园区的工业布局，将工业生产的过程同园区的景观绿化系统相结合，实现能源和资源的循环利用。例如，当今许多工业园区通过建设人工湿地系统，不仅实现了对园区内工业废水的净化和雨水的收集利用，而且美化了整个园区的景观环境。同时，为了发挥整体的防护效应可将园区内街头绿地、厂区绿化、道路绿化带以及外围生态苗圃等有机结合，使工业厂区处于一个完整的生态循环系统内。

现代生态工业园区强调以人为本的建设原则，工业园区的环境建设除了满足工业生产的要求外，还要积极营造园区内的生活情趣，为忙碌工作的人们创造一个可以缓解压力、放松心情的环境。在规划设计时可以通过在建筑内部共享空间和室外开放空间设置各种类型的休闲和交流空间，增强整个园区的活力和交流；通过园区内多样化和个性化的工业景观要素设计，强调整个园区的工业形象和生活趣味。

(3) 高科技产业园区景观风貌控制与引导　高科技产业园区是在传统工业园区的基础上发展起来的，这类产业园区同传统产业园的区别在于其具有更高的知识和资金密集度，增加了相应的居住、商贸、休闲教育等职能。园区的发展动力来源于技术的创新与应用，园区内存在着大量的产品研发机构和企业孵化器。为企业发展和创新人才提供良好的工作和生活环境，园区往往选择在交通便利、环境良好的地区，园区内部拥有良好的办公环境和完善的基础设施。但是目前我国的高科技产业园区建设也存在一定的问题，例如，对园区生态环境的建设多停留在进行大量人工种植和降低建筑密度等低层次的理解上；园区建设往往只注重企业的生产功能，对产业园区文化风貌的培育过于疏忽，造成了园区内企业布局过于分散、生态景观四分五裂、缺乏人文气息等现象。

高科技产业园区内的建筑是企业从事研究、生产和交流的主要场所，是园区内的风貌主题要素。园区内建筑的视觉形象是体现园区风貌主题和企业创新文化的重要载体。园区内科研建筑、居住建筑和商业服务建筑的形式应在尊重地域自然和人文特质的基础上体现时代精神，应积极采用新材料和新技术展现高科技产业园区的时代特性和创新精神；同时，建筑的色彩应在整体协调的基础上对教育研究建筑、企业发展建筑、居住建筑和商业服务建筑的色彩进行适当的区分，通过不同色彩的感知强化各功能单元的整体氛围。

景观风貌良好的高科技产业园应在满足企业发展需求的同时体现园区独特的科技文化和场所精神。园区内景观环境建设要强调美化和休闲职能，“将生产场所与休闲、娱乐及交流场所融为一体，将工作和生活场所交融于自然之中。”❶ 为保证园区内部良好的生态环境和生物多样性，景观绿化系统应呈网络式布局，做到宽窄绿地相连接，点、线、面相结合。为实现园区内工作人员的交流和环境共享，应保证每个功能单元内部或周边都布置有活动场地、停车设施等公共场所；同时，保证各功能单元之间有便于联系的出入口，为相互之间的交流，以及园区同外界的交流创造便利的条件。

（4）创意产业园景观风貌控制与引导　伴随着知识经济的到来，一种以提供创意和文化服务为主要内容的新型产业——创意产业产生了。创意产业往往以创意产业园区的形态存在，即“大量诸如艺术、设计、广告等以创意为主的个人工作室或服务性公司的创意设计类企业聚集在一个特色区域，形成多元文化生态和创意服务的产业链。”❷ 由于创意产业大多具有较高的知识和文化内涵，以及特定的行为活动，创意产业园区往往成为区域内形象特征鲜明的风貌片区。

创业产业园无论是位于城市历史街区，还是位于高科技产业园区，抑或是城市中的其他地域，其建筑布局和空间环境设计都应以满足产业发展和使用者需求为目的。园区内的活动主要包括园区内设计机构的创作活动和外来人群的消费体验活动，这些活动既是园区人文风貌的重要组成部分，又是影响园区空间环境建设的重要决定因素。深入研究使用者活动同物质空间环境之间的关系是合理组织园区空间环境和活动内容的依据。

目前国内创意产业园区内往往集聚着文化创作、消费体验和创意展示等活动，各种活动的交织在保持园区活力的同时也导致了活动的混杂。创意产业园区风貌塑造的首要任务便是对园区内各类主题活动的区域分布进行合理的引导，形成内容丰富、秩序井然的创意产业园区活动风貌。

在创意产业园区内各类文化创作机构和艺术交流场所是其主要物质构成要素，为了便于创作机构之间的交流与合作，以及使消费体验者更好地了解艺术作品的精神内涵，园区内往往需提供大量的公共空间。这些公共空间应具有“多义性”，有助于创作主体的思想交流和灵感迸发，方便消费体验者进入和体验。具体的公共空间既包括大型的画廊、展厅等展览游憩空间，也包括各类小型的交流休息空间。同时，由于创意产业园向外界传达的是一种文化信息，创意人的创作也需一个文化气氛浓厚、有利于激发创作灵感的空间环境，在景观环境的塑造上应通过各种类型的主题雕塑和环境设施来强调浓郁的文化艺术气息和创新氛围。例如，北京 798 艺术区内的一个著名雕塑通过将中国传统的青花瓷、瓷娃娃和西方宗教中天使的翅膀结合在一起的手法，增强了雕塑的趣味性和场所的文化气息，同时诸多充满创意的雕塑为整个区域增添了无限的艺术氛围（图 4-30）。

---

❶ 顾中华. 科技产业园规划设计初探［D］. 西安：西安建筑科技大学，2009.

❷ 杨坤. 创意产业园的建筑空间研究［D］. 大连：大连理工大学，2006.

图 4-30　北京 798 艺术区内的雕塑

资料来源：http://www.qqtc.cn/newsdetail.asp? id=11600[OL].

4.6　本章小结

本章运用层次分析法和比较法提出城乡风貌特质提炼的方法，指出城乡总体风貌结构规划的重点在于进行城乡风貌区划和片区风貌控制，并提出具体的控制原则和方法。

为使城乡风貌控制具有更强的针对性和可操作性，本章以第三章有关自然生态、经济、社会、文化等相关理论研究为基础，提出按照文化景观风貌系统、生态景观风貌系统、空间形态风貌系统和经济产业风貌系统进行城乡风貌分系统构建。并进一步提出文化景观风貌系统构建的重点在于保护重要文化景观风貌特质区域、文化风貌带，加强对非物质文化景观的保护；生态景观风貌系统构建的重点在于加强对特殊地貌形态的保护和美化、分区段进行水系与水环境景观控制、加强对城乡植被系统的控制和保护；空间形态风貌系统构建的重点在于城乡空间布局的合理引导、城乡空间视觉形象的塑造、城乡视觉网络的建构，以及城乡色彩体系的规划引导；经济产业风貌系统构建的重点在于特色资源的整合利用和重点产业园区的风貌控制。分层次和分系统的风貌构建对策从横向和纵向实现了城乡风貌特色研究和控制引导的有效衔接，对于开展城乡风貌研究和规划实践活动具有很好的指导作用。

第 5 章

城乡风貌规划研究在昌平风貌规划实践中的应用

城乡风貌特色规划将整个城乡地域范围内的自然生态要素和人工环境要素在平面和空间上进行整合，并充分考虑时间变迁、经济技术活动等发展因素对风貌特色的干扰。城乡风貌特色规划由于是塑造良好区域形象、增强区域竞争力和凝聚力的有效手段而受到各地政府和相关部门的重视。国内外许多城市都开展了风貌特色规划和风貌改造的研究和实践活动。本书以笔者主持的“昌平城乡特色风貌控制规划”为例，就本书此前所论及的城乡风貌特色定位和控制引导等方面的相关问题进行详细的阐释，并建立了相应的规划技术路线。

5.1 昌平城乡特色风貌概述

昌平区位于北京市西北部，是首都北京的北大门，素有“京师之枕”的美誉。全区总面积 1352km²，由西部山区、北部山地和东南部平原三大地貌特征区域构成。气候属于暖温带大陆性季风气候，四季分明，降雨量充足，环境优美，气温适宜。区内自然生态环境优良，历史文物古迹众多，“自然植被覆盖的山地和农林覆盖的丘陵地占 59%，平原基本农田约占 6%左右，现状城乡建设用地占 18%，总体生态化覆盖率在 70%以上”❶。

5.1.1 昌平城乡特色风貌的要素

昌平区处于北京上风上水地段，虽然自然环境优势明显，城乡整体风貌良好，但现状城乡规划设计较少考虑自身在自然、历史、文化等方面的特殊性，从而使得城乡景观、建筑形象比较散乱，环境恶化、特色缺失、管理滞后等一系列城乡问题也随之暴露出来。所以城乡景观风貌规划越来越受到人们的重视。

分析提炼昌平区城乡范围内的特色风貌要素是进行总体风貌定位和实施控制引导的前提。规划采用分系统、分要素的方法对整个昌平城乡范围内的各类要素进行分析提炼(图 5-1)。

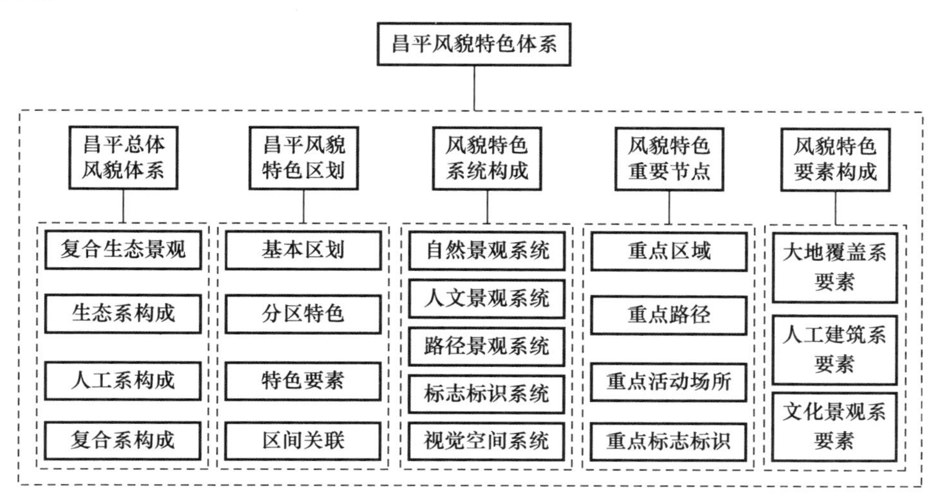

图 5-1 昌平城乡特色风貌要素构成体系

❶ 昌平城乡特色风貌控制规划. 哈尔滨工业大学城市规划设计研究院.

5.1.2 昌平城乡特色风貌的系统构成

在昌平城乡特色风貌控制规划的实践中，通过对昌平区域范围内的详细调研，对现有景观风貌要素进行系统归纳，将其分为自然景观系统、人文景观系统、路径风貌特色系统、标志与标识系统、视觉空间控制系统等五大系统，涵盖了生态绿化景观、水系景观、旅游活动景观、建筑景观、道路景观、门户景观、眺望景观、景观视廊、夜景观、文化载体、产业布局等诸多方面内容。例如环境整治后的温榆河（图 5-2），喜获丰收的苹果园（图 5-3），十三陵水库（图 5-4），居庸关长城（图 5-5），天下第一雄关（图 5-6）和银山塔林（图 5-7）。

图 5-2　环境整治后的温榆河

图 5-3　喜获丰收的苹果园

图 5-4　十三陵水库

图 5-5　居庸关长城

图 5-6　天下第一雄关

图 5-7　银山塔林

在昌平区的城乡风貌系统中利用层次分析法，通过 AHP 对城乡风貌构成要素进行全面的分类统计，并根据评价的目的，通过科学分析、专家咨询、案例研究等方式，有针对性地选取一定数量的评价对象。然后对评价对象进行不断的对比、修改、优化。最终将昌平风貌划分为自然景观、人文景观、路径风貌、标志与标识、视觉空间等五大系统。

5.1.2.1 自然景观系统构成

自然景观系统是昌平区城乡风貌系统的基底，也是城乡特色风貌规划的重要内容。按照地形地貌特征可分为山区、平原以及水体（图 5-8）。

图 5-8 自然、人文景观系统现状图

山区：主要分布于区域西部及北部，其间森林覆盖率高，有良好的生态本底。为自然景观系统组成部分之一。山区内自然景观要素以山地、森林和水系为主。

平原：分布于区域范围中、东部，为昌平区主要的蔬菜、果品、粮食种植区及主要的建设区，自然覆盖占有较大比重。平原内自然景观要素为农业、林牧业、水系、园林园地、城镇绿地等多类型的自然覆盖要素为主。

水体：区域范围内河流纵横交错，水网密布，且分布有大量水库，同样是重要的自然景观资源。

5.1.2.2 人文景观系统构成

人文景观是人类活动作用于自然景观所形成的特殊景观，该类景观系统含有大量的文化信息，是人类文明的重要承载者。人文景观系统按形成的历史年代可分为历史文明景观要素和现代文明景观要素，主要包括城镇建设区、历史文化遗迹、原生态村落、民俗旅游村庄、特色产业园区等人工构筑要素（图 5-8）。

历史文明景观：昌平区紧邻古北京城，长城、十三陵等历史文化遗产世界闻名，文物古迹分布广泛，历史文化景观资源丰富。

现代文明：作为中国政治文化中心北京的卫星城及后花园，昌平区的现代文明建设日新月异，老城中心区、沙河大学城及各类休闲、度假场所成为了昌平区现代文明的标志。

5.1.2.3　路径风貌系统构成

道路是感知城乡风貌特色的重要路径，起到联系风貌要素和组织体验秩序的作用。规划将昌平城乡范围内路径系统主要分为滨水景观道路、自然景观道路、人文景观道路、高速路等线性景观要素（图 5-9）。

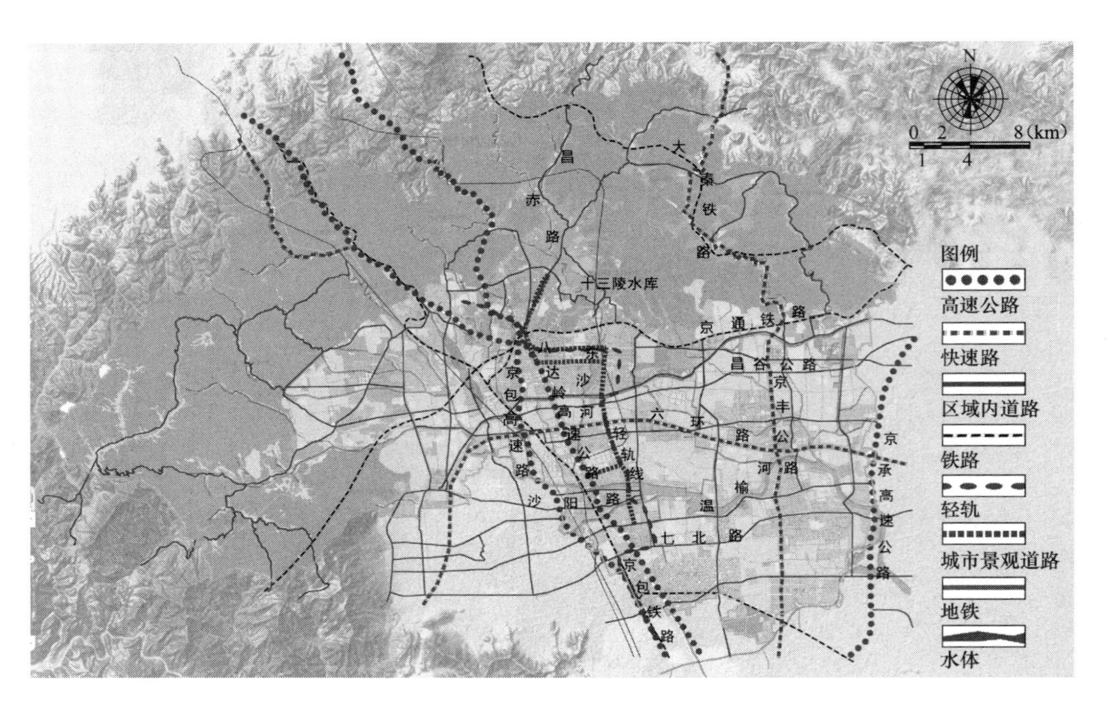

图 5-9　路径景观资源分析图

滨水景观道路：昌平区分布有大量河流及滨水道路，形成了独特的滨水景观路，并成为路径景观系统的重要组成部分。

自然景观道路：在城市以外的山区及农田果园等地，道路路径景观元素构成更为丰富，且路径长度较长，分布范围较广，在丰富路径景观方面起着重大作用。

人文景观道路：主要由城市道路和分布于历史保护区内部的道路组成，城市道路分类繁多，景观构成丰富，而历史保护区内风貌元素构成更为复杂，作用不容忽视。

高速路：高速路的景观元素构成不同于其他道路，其景观构成特点是基于高车速的景观效果；同时高速公路为昌平区的一类外向窗口，是展现城乡风貌的重要场所。

5.1.2.4　标志与标识系统构成

标志与标识系统主要分为标志系统和标识系统两类，前者包括高度标志、地域性标志、功能区标志、景观节点标志、地标性建筑与构筑物、特色文化标志、标志性场所等；后者包括道路与交通系统标识、环境设施标识系统、照明与亮化系统等。

5.1.2.5 视觉空间系统构成

视觉是人类感知各类事物的重要途径，因此，城乡风貌系统内视觉空间系统的作用尤为突出。昌平城乡范围内视觉空间系统主要包括区域内的制高点、全景视点、重要视域、重要视觉控制区，以及以轨道交通系统、公路交通系统、水系景观系统、引水渠景观系统为载体的视觉景观廊道。

5.1.3 昌平风貌重要节点

在城乡特色风貌体系中重要的区域、场所、路径是整个城乡风貌的核心，它们分别对应于景观生态学中的基质、斑块、廊道。因此，在昌平城乡特色风貌控制规划中将高新技术及研发影响重点区域、新城影响重点区域、历史文化影响重点区域、绿色生态产业影响重点区域等块状要素作为城乡特色风貌规划的重要区域；将重要活动场所（雅思山香椿采摘节、苹果主题公园、东沙河公园、金六环农业园、世界草莓大会、小汤山农业观光示范园、巩华城历史体验区、温榆河湿地公园等）、重点自然地标（雪山、昌平南山、九里山等）、重点人工地标（西关环岛、老城南部高层集中区、北京吉利大学主楼、六环立交桥、中国石油科技创新基地、中关村生命医疗园、中关村能源科技产业示范园等）等点状要素作为城乡特色风貌规划的重要场所；将轻轨线路、铁路、主要公路（八达岭高速公路、立汤路、京承高速公路、六环路、七北路等）、水体（京密引水渠、温榆河、东沙河等）等线状要素作为城乡特色风貌规划的重要路径进行重点控制（图 5-10）。

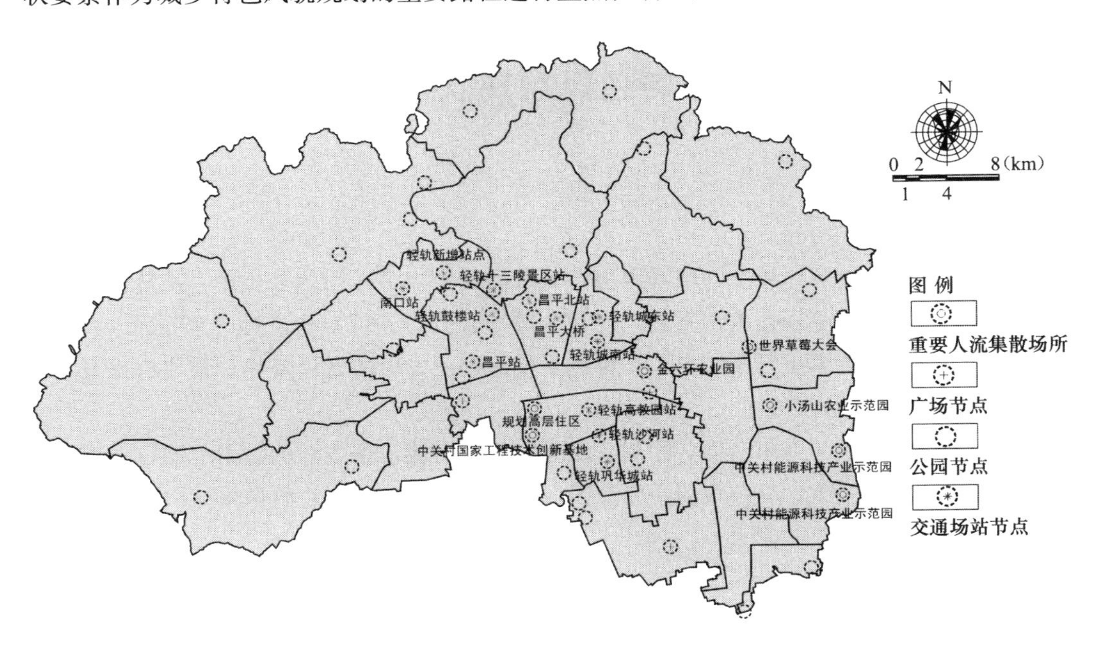

图 5-10 重要风貌节点

此外各种类型分区内部，其特色要素也各不相同，各分区通过不同形式的特色要素，展现出不同的风貌特色，规划对昌平区风貌特色要素按大地覆盖系要素、人工建筑系要素、文化景观系进行分类、分项提取。

5.1.4 昌平城乡特色风貌定位

规划通过对昌平区城乡特色风貌要素的提炼，提出昌平城乡风貌特色的总体定位。昌平作为历史文化名城，作为以发展旅游、高教、科技为主的首都新城，有其独具魅力的个性特色。这种个性特色源于地缘、环境、历史和传统，是城市过去和现在的浓缩，是物质实体和社会文化的提炼。要确立并塑造城乡风貌就必须认真分析城市的个性特征，昌平个性特色主要表现在：

（1）青山碧水，自然城市　　昌平位于北京市西北部，在太行山脉与燕山山脉交汇处，有天寿山、虎峪山、温榆河等自然景观，体现出山水自然城市的特殊风貌景观。

（2）商务花园，宜居城市　　昌平在北京上风上水地段，受到北京城区发展辐射，规划以商务办公功能为主，为北京打造国际城市服务，形成自己独特的花园式城市风貌特色。

（3）历史厚重，文化城市　　昌平有明十三陵、居庸关等世界物质文化遗产，还有画家村、草莓大会、小汤山温泉文化节等非物质文化遗产，保护历史积淀，塑造昌平文化，是昌平特色城乡风貌规划的重要任务。

根据对昌平的区位条件、产业分布、自然资源、文化遗产分析和论证。我们确定昌平城乡特色风貌是：突出花园城市特征，打造自然生态、宜居宜商、科技文化突出的城乡风貌。

5.2 昌平城乡特色风貌现状调研数据及分析

5.2.1 地形地貌

在地形地貌、生态风貌空间格局和生态敏感性及生物多样性的分析中，从统计调查分析与空间数据分析等不同角度出发，结合GIS等综合分析评价方法，对这三方面涉及的信息进行综合分析，探索出昌平城乡风貌特色要素在这三方面的发展规律，最终提出具有地域景观风貌特色的规划方案。

昌平全区地势西北高东南低。北部、西部主要为山区，是主要的林果养殖区；南部及中部是倾斜的冲积平原，是粮菜的主要产区。自然地形地貌呈西北向东南方向高程依次降低的形式。

5.2.2 生态风貌空间格局

昌平位于北京中心城的上风上水方向，是北京生态屏障的重要部分，是平原建设区向山区的过渡地带，昌平区域的生态空间格局在北京市域生态空间格局中占有重要地位。

根据北京市第五次森林资源二类调查报告，昌平区域林地面积占全区土地总面积的51.2%，农田面积占17.4%，建设用地占11.6%，同时尚有108.2km^{2}的未利用地，占

8.0%，而城市绿地面积仅9.1km²，占0.7%。[1]

昌平生态空间格局由森林生态系统、水生态系统、农田生态系统以及城市生态系统构成，在北部山区以林地为主，一部分乡村零散分布于山沟之中，而在中东部平原地区，建设区和农田形成相互渗透的格局。

5.2.3 生态敏感性及生物多样性

生态敏感性分析的结果是在区域层面上进行不同生态敏感性的分区，划分最敏感区、次级敏感区和非敏感区，昌平生态空间格局中的森林生态系统、农田生态系统、水系生态系统以及城市生态系统各不相同，生态敏感性评价所示可以通过比较发现区域内水系和西部山区最敏感。

5.2.4 昌平城乡风貌满意度数据统计及分析

研究利用简单明了且易读的问卷，通过书面问题的形式向公众征求意见，进行了昌平城乡风貌的满意度数据采集工作。利用满意度调查分析方法，首先利用SPSS统计软件分析的数据转换中的计算数据功能对昌平地区生态风貌偏好度、空间风貌偏好度和影响公众满意度重要因子进行了满意度整合资料，最终经过对各个数据的加权修正、信度分析，得出公众的城乡风貌满意度评分资料（表5-1、表5-2、表5-3）。

昌平地区生态风貌偏好平均值统计表 **表5-1**

分类	生态风貌偏好选项	人数	平均值
自然覆盖	自然乔木覆盖完善程度良好	300	4.3692
	自然灌木覆盖完善程度良好	300	4.2764
	自然草本植物覆盖完善程度良好	300	4.2331
人工覆盖	人工乔木覆盖完善程度良好	300	4.1129
	人工灌木覆盖完善程度良好	300	4.1259
	人工草本植物覆盖完善程度良好	300	3.8963
混合覆盖	总覆盖率良好	300	4.2531
	自然覆盖占有程度良好	300	4.4413
	整体美感良好	300	4.2254

昌平地区空间风貌偏好平均值统计表 **表5-2**

分类	空间风貌偏好选项	人数	平均值
均质空间	基础空间丰富程度良好	300	4.7843
	基础空间构成元素美感良好	300	4.5891
	空间色彩美感良好	300	4.2547
	空间总体美感良好	300	4.5784

[1] 北京市第五次森林资源二类调查报告. 北京市林业勘察设计。

续表

分　类	空间风貌偏好选项	人　数	平均值
二元化空间	复合空间丰富程度良好	300	4.6539
	复合空间构成元素美感良好	300	4.4487
	空间色彩美感良好	300	4.3656
	空间总体美感良好	300	4.2255
多元化空间	多元化空间丰富程度良好	300	4.1157
	多元化空间构成元素美感良好	300	4.3655
	空间色彩美感良好	300	4.2287
	空间总体美感良好	300	4.1861

影响公众满意度重要因子整合资料表　　表 5-3

满意度重要因子	人　数	平均值
生态风貌资源	300	4.2148
空间风貌资源	300	4.3997
文化风貌资源	300	4.2061
经济风貌资源	300	3.9535

5.2.5　昌平城乡风貌评价情况

通过模糊综合分析法，首先确立了昌平城乡风貌模糊集隶属度函数关系。然后根据AHP方法中得到的城乡风貌评价指标体系，对待评区域的各个评价指标进行等级划分与赋值，确定每个风貌要素的权重。最终得出了昌平城乡风貌评价，可以看出秦城村地区风貌评价情况（表 5-4），另外通过区域间的评价结果比较，我们发现百花村、花果山村等区域的风貌质量较好（表 5-5）。

秦城村地区风貌评价表　　表 5-4

评价项目		分　数	权　重
地形地貌	土壤类型数	2	0.10　0　1　0　0　0
	地形种类数	3	0.09　0　0　1　0　0
	地形转换点数	2	0.05　0　1　0　0　0
植被	植被覆盖比率	4	0.10　0　0　0　1　0
	植被类型	4	0.10　0　0　0　1　0
水体	可视面积	2	0.04　0　1　0　1　0
	水体清澈程度	4	0.05　0　0　0　0　0
	滨水岸线形式	2	0.04　0　1　0　0　0
山体	范围内山体相对高度	3	0.05　0　0　1　0　0
	与范围外山体位置关系	3	0.04　0　0　1　0　0
	范围外山体围合度	2	0.05　0　1　0　0　0
人工因素	建筑物风貌	1	0.05　1　0　0　0　0
	构筑物风貌	2	0.04　0　1　0　0　0
	文物古迹协调程度	3	0.04　0　0　1　0　0
	范围外城市天际线	4	0.08　0　0　0　1　0
	基础设施建设总量	1	0.08　1　0　0　0　0

各地区评分统计表　　　　表 5-5

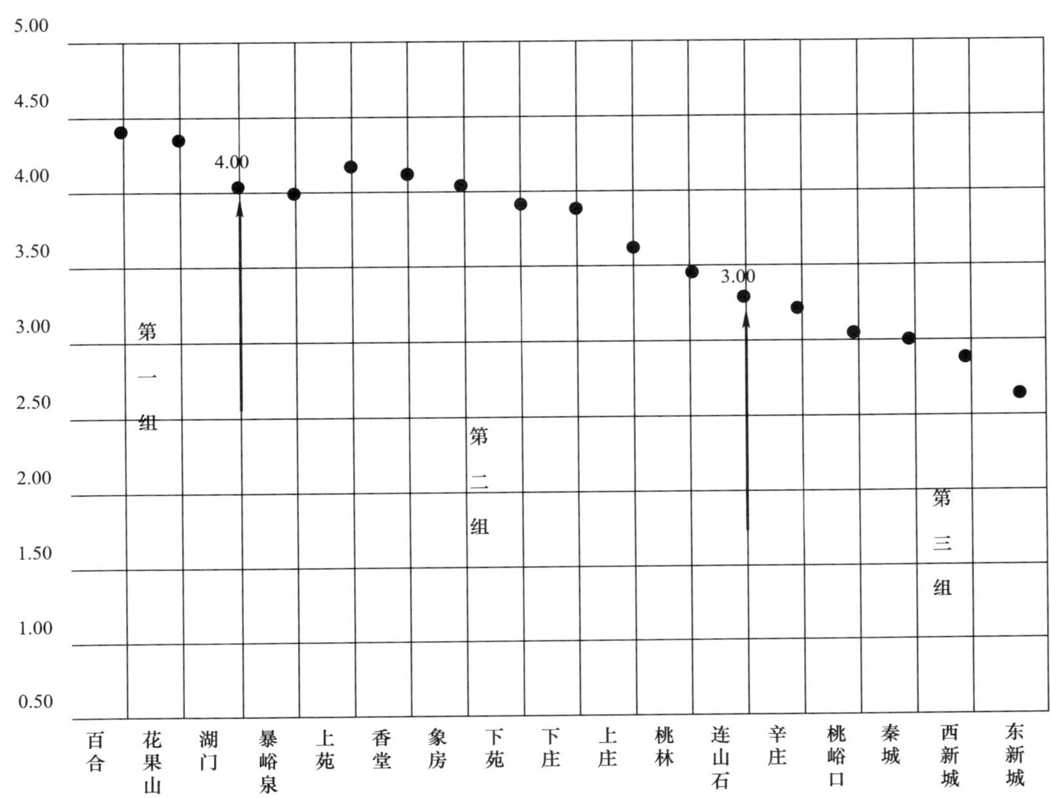

5.2.6　昌平城乡风貌现存的问题

根据从自然地理情况、生态空间格局、景观风貌因子几方面对昌平风貌系统的分析，发现昌平总体城乡风貌环境较好，自然及人文资源较丰富。但还有一定的问题：

（1）建设无序扩展，土地利用集约化程度低，区域城镇空间布局零散。

（2）生态问题较多，生态肌理破碎。昌平区目前部分水体污染严重，沙地、荒地比例较高，大部分宜林区域未绿化。大量的城镇建设用地不断侵入生态空间，生态效应不能充分发挥，破坏了区域风貌的整体形象。在保护城乡生态环境的进行中，未充分体现和利用生态文明及生态技术。

（3）文化内涵缺乏，城市景观特色不明显。昌平的文化根基是雄厚的，但文化传承较差，导致昌平文化特色不够突出，不能做到“既要积极地吸取世界多元文化，又要力臻从地区文化中汲取营养、发展创造，并保护其活力与特色”[1]。

（4）历史要素与地域要素缺少对话，自然景观与人工景观缺少融合，未“形成多层次、多节点、网络状、连续式、疏密相间的、相互渗透的、点线面相结合”[2] 的城乡空间结构

[1] Milne E，Aspinall RJ，Veldkamp TA. Integrated modelling of natural and social systems in land change science [J]. Landscape Ecology，2009（24）：1145-1147.

[2] Hannes Palang1，Anu Printsmann1，Eva Konkoly Gyuro，et al. The forgotten rural landscapes of Central and Eastern Europe [J]. Landscape Ecology，2006（21）：347-357.

和城乡一体化的生态景观体系。

5.3 昌平城乡特色风貌控制规划策略

在昌平城乡特色风貌规划中，为便于对区域内特色风貌要素进行控制，引导城乡风貌合理、有序发展，规划将整个城乡特色风貌体系划分为覆盖昌平全境的 5 大类 29 个风貌控制区，以及自然地貌与竖向、水景观与环境、植被与生物多样性保护、路径与游览线等 4 个景观控制系统，对重点路径、重点景观带及重点风貌区（图 5-11）制定了专项控制导引与导则，并且对区域范围内重要节点进行详细控制，对重点城镇建设区制订了建筑风格、色彩、高度、夜景观、标志与标识、设施与技术、景观视觉系统等多项引导与控制导引。

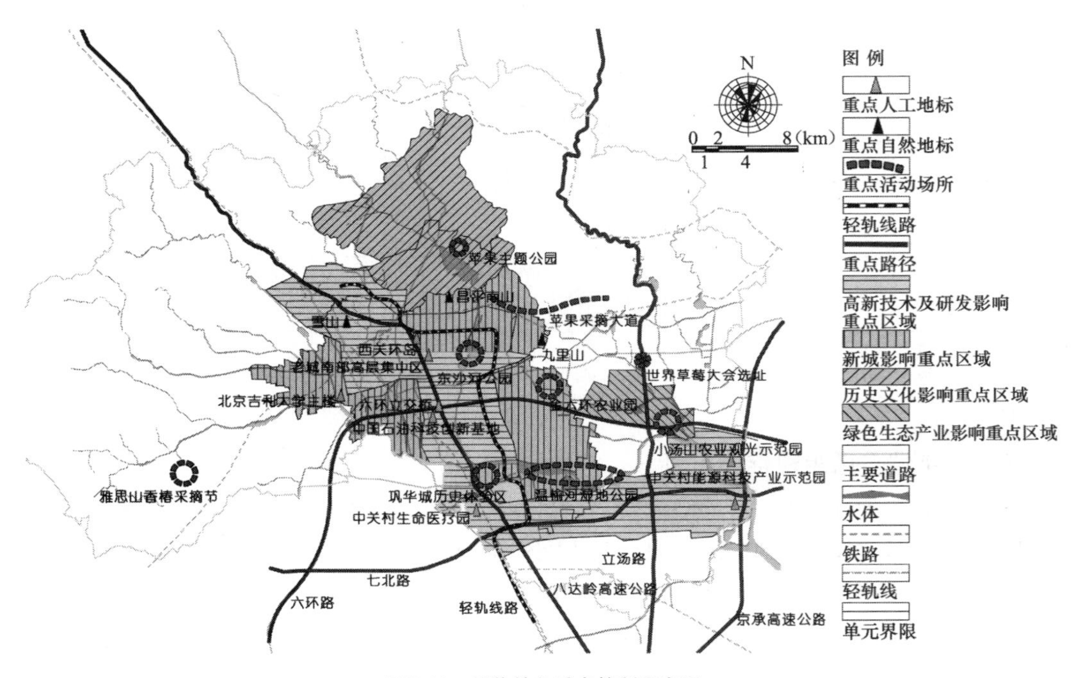

图 5-11 风貌特色重点控制示意图

5.3.1 特色风貌分区控制导引

在城乡范围内不同的区域由于地表覆盖要素、土地利用方式和经济职能等存在一定的差异，城乡风貌会表现出不同的特色。为了实现对整个昌平城乡范围内所有区域进行有针对性的风貌控制和引导，规划对昌平城乡地域进行了基本风貌区划和特色风貌分区，并对每个风貌单元提出了具体的风貌控制策略。

5.3.1.1 基本风貌区划

规划根据昌平区域范围内地形、地貌等特点，以区块完整、特征鲜明、规模适中、便于管理为特色风貌分区的基本原则，把行政边界、地形地物边界及用地边界等作为分区因素，主要分区因素包括十三陵文物保护区范围线、八达岭高速公路、林地建设用地界线、京包铁路及延长线、林地耕地界线、亭阳路、耕地建设用地界线、南口镇流村镇行政区界、高崖口沟、南雁路、京丰公路、东沙河、六环路、立汤路、百沙路、温榆河等。昌平区域范围共分为 29 个片区单元（表 5-6）。

昌平城乡风貌基本分区统计表　　表 5-6

单元类型	单元编号	单元名称	单元面积（km²）	单元所占比重	风貌区所占比重
风景旅游风貌区	A-01	居庸关单元	150.00	11.17%	25.60%
	A-02	陵北单元	98.37	7.32%	
	A-03	十三陵单元	95.43	7.10%	
山体生态风貌区	B-01	白羊沟单元	157.02	11.69%	29.10%
	B-02	菩萨鹿单元	90.60	6.75%	
	B-03	翠花山单元	59.70	4.44%	
	B-04	大杨山单元	83.50	6.22%	
农林经营风貌区	C-01	流村单元	38.24	2.85%	19.81%
	C-02	马池口西单元	21.13	1.57%	
	C-03	沙河西单元	21.68	1.61%	
	C-04	白浮泉单元	21.40	1.59%	
	C-05	东扩东单元	13.03	0.97%	
	C-06	崔村单元	40.57	3.02%	
	C-07	兴寿单元	45.71	3.40%	
	C-08	沙河湿地单元	36.77	2.74%	
	C-09	北七家西单元	27.57	2.05%	
重点乡镇及产业风貌区	D-01	南口北单元	22.69	1.69%	12.92%
	D-02	南口南单元	26.98	2.01%	
	D-03	阳坊单元	28.74	2.14%	
	D-04	小汤山单元	29.09	2.17%	
	D-05	小汤山东单元	29.77	2.22%	
	D-06	北七家单元	36.32	2.70%	
城市建设风貌区	E-01	马池口东单元	31.33	2.33%	12.57%
	E-02	老城单元	21.50	1.60%	
	E-03	东扩单元	15.46	1.15%	
	E-04	沙河单元	31.58	2.35%	
	E-05	巩华城单元	12.60	0.94%	
	E-06	回龙观单元	45.17	3.36%	
	E-07	北苑北单元	11.26	0.84%	

各种类型分区内部，其特色要素也各不相同，各分区通过不同形式的特色要素展现出不同的风貌特色，其中风景旅游风貌区及山体生态风貌区以自然生态要素为主，如山体、河流、树木、花草等，也包括少量人工要素，如盘山道路、村落、亭台楼阁等；农林经营风貌区包括人工林地、果园、农田及分布于农田、果园中的村镇、独立工矿道路等特色要素；重点乡镇及产业风貌区以规模较大的建制镇及产业集中区为主，部分镇区内标志性建筑及工业建筑可作为片区内特色要素；城市建设风貌区内特色要素以人工要素为主，主要为标志性建筑物及构筑物、其他城市建筑、城市道路及城市绿化。其中风景旅游风貌区及山体生态风貌区内部多山体林地，控制方法较为统一，相同或相似特征区面积较大，所以该类型风貌单元面积较大；农林经营风貌区、重点乡镇及产业风貌区、城市建设风貌区内部风貌特色要素丰富，控制方法多样，且内部多有不同风貌特征区，所以这几类风貌分区单元面积以中小型为主。

5.3.1.2　制定风貌特色分区控制细则

在每个片区的具体控制中根据基本风貌区划内的不同情况将基本风貌区划各分区进行合并或拆分，最终划分为生态山体风貌区、城镇郊野风貌区、城市综合风貌区、山区谷地风貌区、加工制造业风貌区、科技研发风貌区、生态旅游风貌区、高等教育风貌区、山前经营风貌区、城郊原野风貌区、生态湿地风貌区等 11 类风貌特质区域（图 5-12）。

图 5-12　风貌特色分区图

按照凯文·林奇的城市意象理论，人们对特定区域的认知主要通过区域的外部边界、区域内的特色游览路径以及节点和标志等特色要素的感知来完成的。因此，在每个风貌片区的风貌导引中，分别从特色区域的区域、边界、路径、节点、标志 5 个分系统进行重点控制。按不同片区的风貌特质提出相应的风貌特质区域边界划定，通过风貌景观廊道的选取和环境塑造，公园、广场、交通场站等景观风貌节点的风貌引导，以及特色标志的增设和高度引导等风貌控制导则，实现对各片区风貌特色的精细化管理。

5.3.2　风貌特色重点控制导引

风貌特色的重点区域和重要廊道是整个城乡范围内最能代表昌平风貌特色的单元，实现对重点片区和重要廊道空间的风貌控制引导是整个城乡特色风貌控制规划的重点。

5.3.2.1　重点片区风貌控制导引

在昌平城乡特色风貌控制规划中，“金十字”相关区域及新城范围为昌平城乡建设的重点片区，规划将昌平老城片区（图 5-13）、东扩片区（图 5-14）、巩华城片区（图 5-15）、沙河高教园片区（图 5-16）等作为城乡风貌控制引导的重点片区。规划对重点片区的风貌定位，景观视廊的保护和控制，重要标志点的形象塑造，建筑高度和风格样式的引导，重要开敞空间的设置与景观廊道的保护，以及街道风貌等内容实施专门的、特殊的、重点的控制，在管理上加大力度，建立专门管理细则。

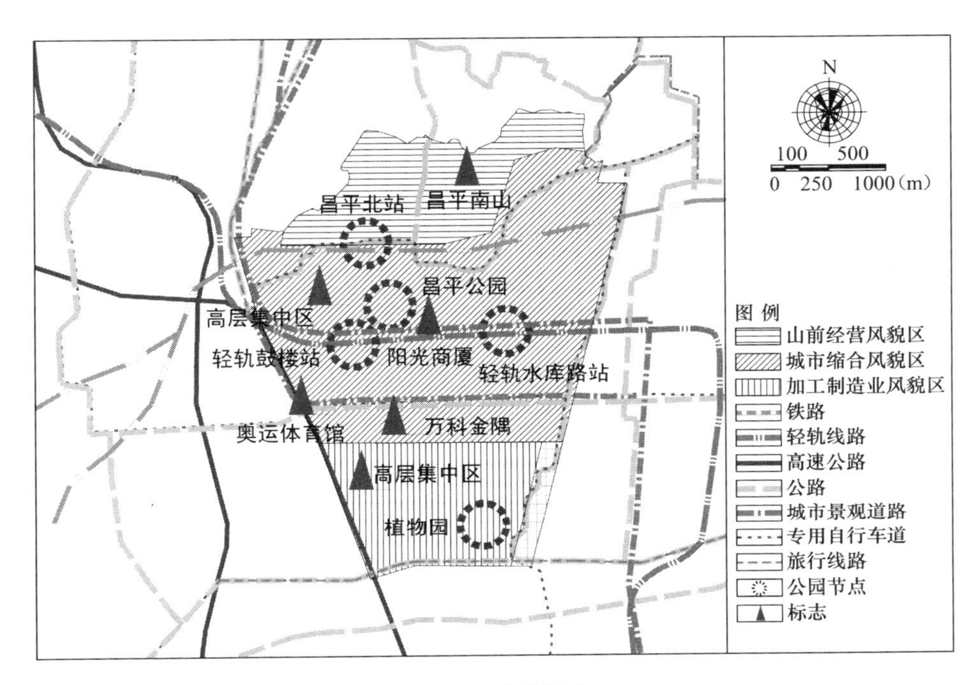

图 5-13　老城片区

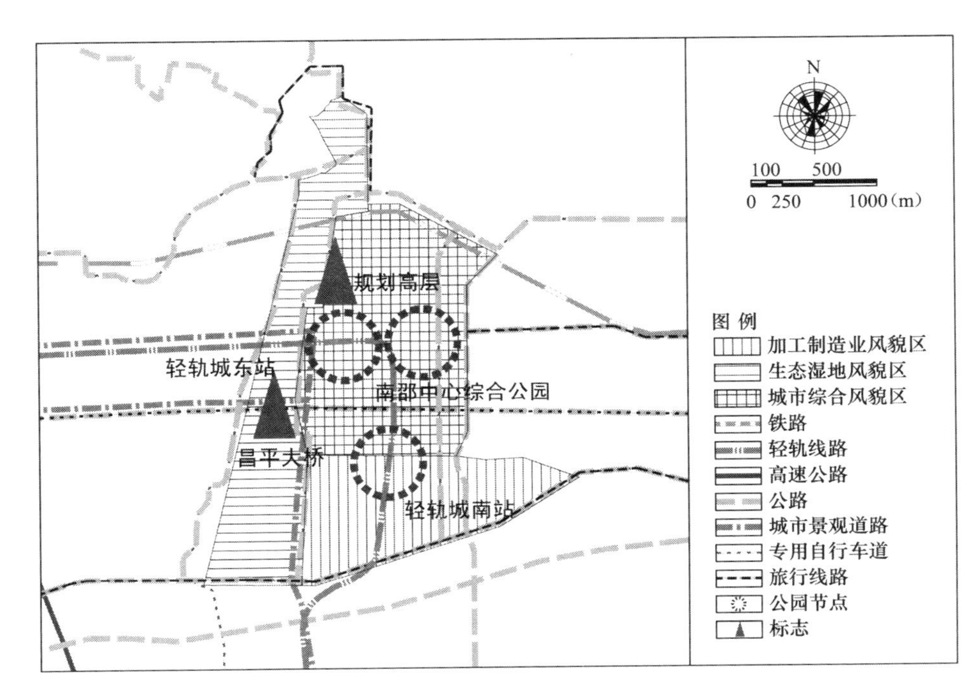

图 5-14　东扩片区

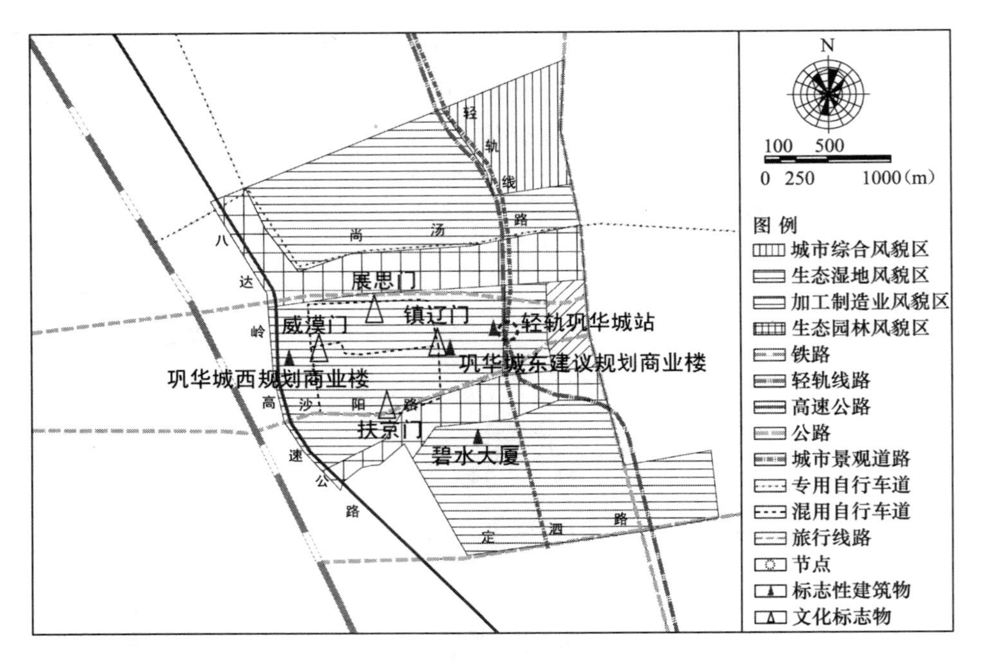

图 5-15　巩华片区

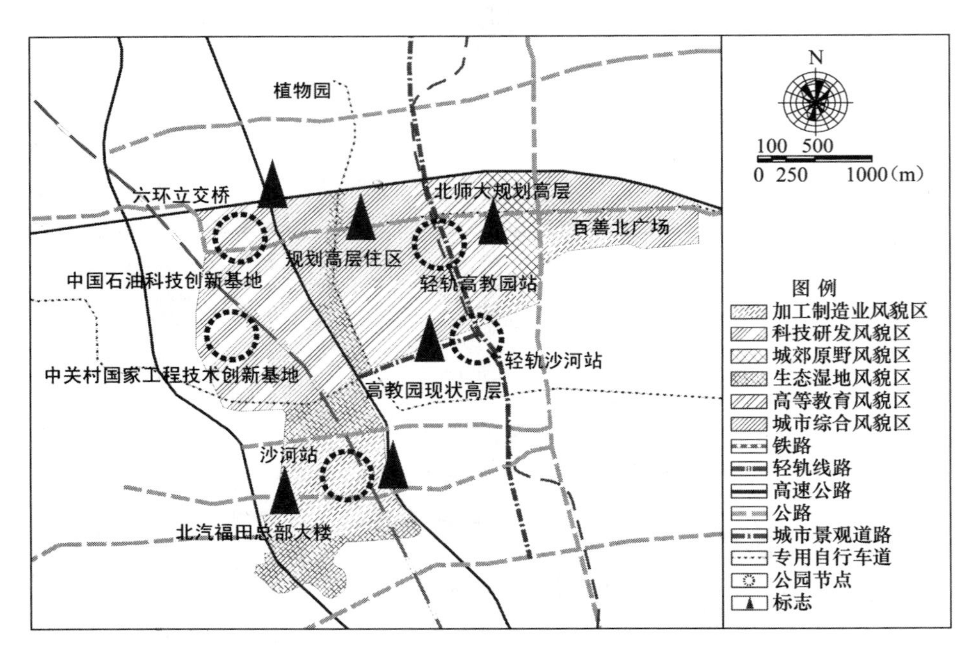

图 5-16　沙河高教园片区

5.3.2.2　重要廊道空间风貌控制导引

重要廊道是城乡间进行物质能量流动、信息交流和生态关联的重要途径。规划对区域范围内各类线状因素如道路、河流、轨道线等进行提取并分类，按照廊道的等级和功能将城乡范围内风貌廊道分为生态风貌廊道、交通风貌廊道、产业风貌廊道，并选取轻轨线路风貌廊道（主要交通风貌廊道）（图 5-17）、金十字风貌廊道（主要产业风貌廊道）（图 5-18）、十三陵水库—东沙河风貌廊道（主要生态风貌廊道）（图 5-19）三个风貌廊道进行重点风貌控制导引。不同分类的风貌廊道采用不同的引导方式实施管理，分别从廊道两侧的景观特质、生态环境整合、建（构）筑物风貌特色、视廊遮蔽程度等方面对廊道进行重点控制。此项控制不仅是各片区控制的有力补充，也是分区间相互关联的主要途径。

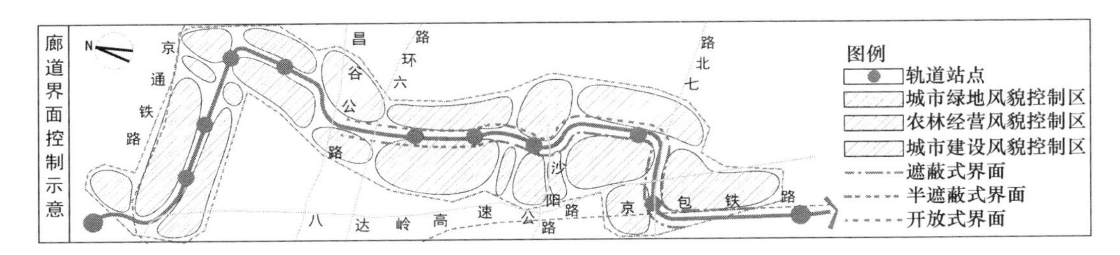

图 5-17　轻轨线路风貌廊道

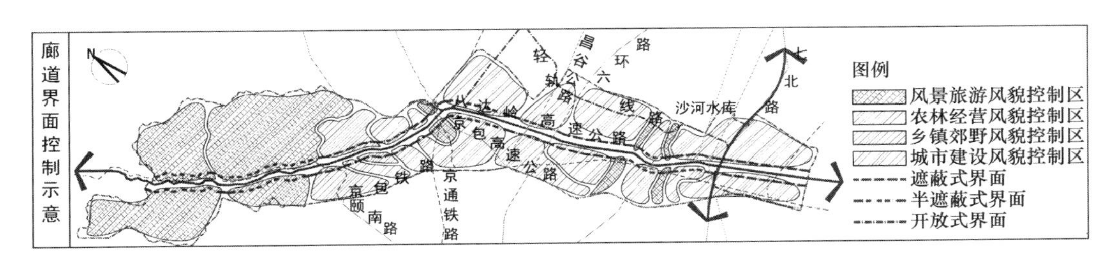

图 5-18　金十字风貌廊道

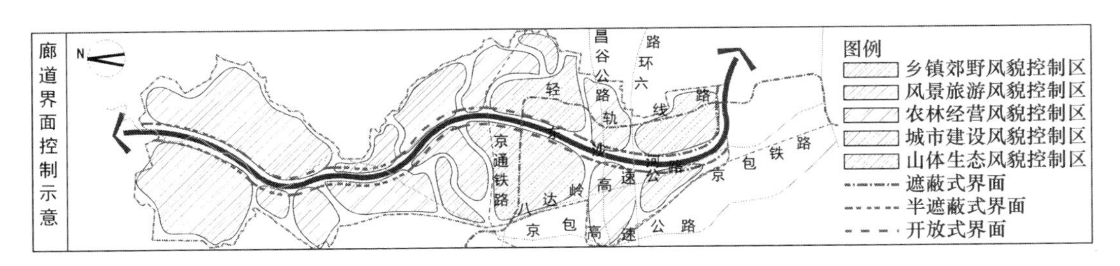

图 5-19　十三陵水库—东沙河风貌廊道

5.3.2.3　重要节点风貌控制导引

区域内主要道路交叉口、重要开敞空间等节点空间是展现城乡风貌的窗口，在城乡风貌塑造过程中应进行重点控制和形象塑造。在昌平城乡特色风貌控制规划中，结合建设区内重要的交通性干道、功能性节点以及其在整体空间结构上的作用，确定了 12 个重要风貌节点，并将其分为 4 处一级节点，8 处二级节点（图 5-20）。其中 4 处一级节点分别为西关环岛、京承高速公路与七北路交叉口、立汤路与七北路交叉口、八达岭高速公路与七北路交叉口；8 处二级节点分别为大柳树环岛、北六环与京承高速公路交叉口、北六环与七北路交叉口、京包高速与七北路交叉口、北六环与轻轨交叉口、轻轨线与七北路交叉口、八达岭高速与北六环交叉口、京包高速公路与北六环交叉口。

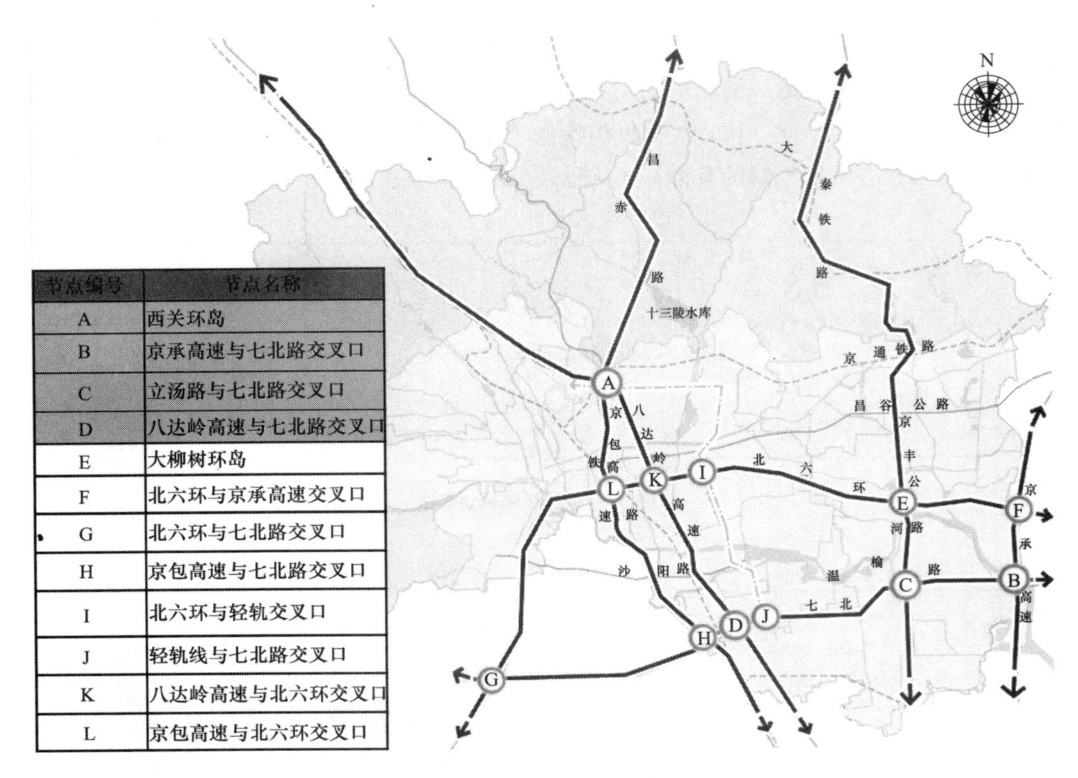

节点编号	节点名称
A	西关环岛
B	京承高速与七北路交叉口
C	立汤路与七北路交叉口
D	八达岭高速与七北路交叉口
E	大柳树环岛
F	北六环与京承高速交叉口
G	北六环与七北路交叉口
H	京包高速与七北路交叉口
I	北六环与轻轨交叉口
J	轻轨线与七北路交叉口
K	八达岭高速与北六环交叉口
L	京包高速与北六环交叉口

图 5-20　节点风貌廊道控制导则

具体风貌控制引导在现有使用状况和景观形象进行分析的基础上，对每一处重要节点实施详细的控制，为每个节点空间提出相应的土地使用和城市设计意向，制定专门管理细则；使每处节点在进行相关建设时均有据可依，有章可循，以实现改善昌平节点空间风貌形象的目标。

5.3.3　风貌特色载体系统控制导引

在城乡特色风貌控制规划中仅仅分片区和重点进行风貌控制是不足以支撑整个风貌系统的，为保证各系统风貌特色的和谐统一，还要在分区控制的基础上分系统对城乡风貌特色进行详细控制。

5.3.3.1　自然景观系统风貌控制导引

（1）自然地貌与竖向规划控制导引　　自然地貌是城乡发展建设的基础，也是塑造城乡风貌特色的基础要素。昌平区地貌特征鲜明，西部、北部山脉纵横，丘陵起伏；东南部地势平坦，良田、果园广泛分布；此外整个城乡范围内河网密集，生态环境良好。这些要素共同构成了昌平依山傍水的总体风貌格局。保护昌平城乡范围内重要地形地貌特征，改善整体生态环境，治理地貌破坏区显得尤为重要。规划在地貌景观风貌特色评价的基础上，将昌平城乡范围内地形地貌分为地貌保持区、地貌强化区、地形改造利用区和建设区进行相应的风貌引导。具体控制导则如下（图 5-21、表 5-7）。

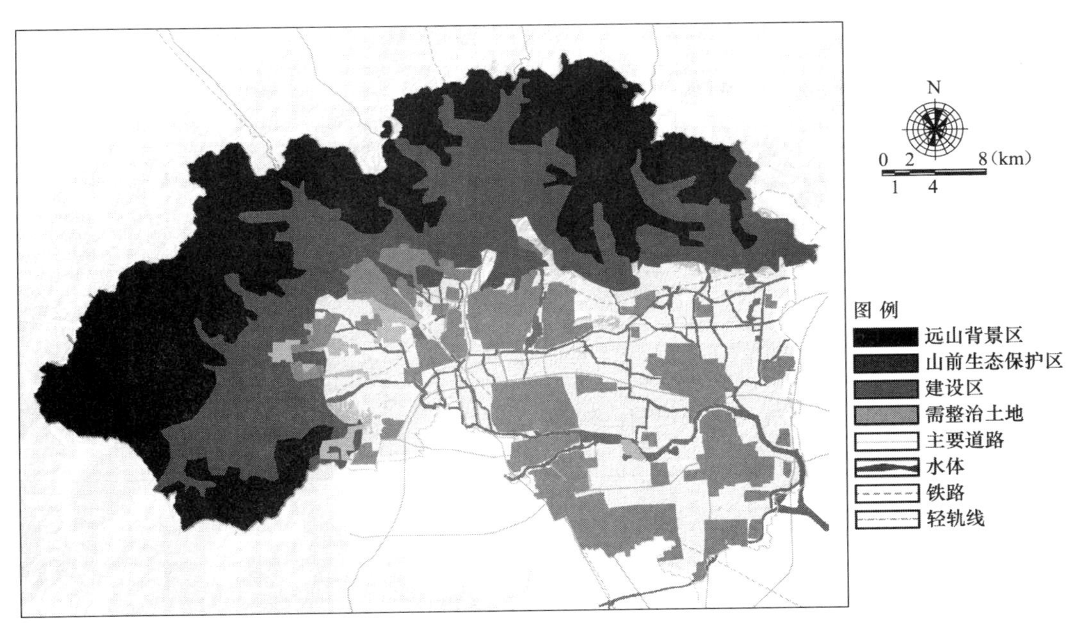

图5-21 自然地貌与竖向规划控制导引

自然地貌与竖向规划控制导则 表5-7

分　类	控制内容	具体引导措施
地貌保持区	十三陵片区山前生态保护	严格控制开发强度和建设密度，严格限制工业门类，加强矿区生态破坏恢复工作 结合自然保护区、风景名胜区的规划加强昌平山前生态保护区的保护工作
地貌强化区	白浮泉单元乡野风貌强化	农田、林地、湿地、草地和灌木树篱带等相互融为一体共同构成农田景观 保护传统农田景观与现代农业生产活动相结合
地形改造利用区	温榆河河滩生态修复	考虑河滩的蓝线现状，应满足丰水期作为河流的载体。加强河滩的生态建设
	昌平西部砂石坑生态整治	建设土地置换：在砂石坑区优先开展城市建设，保护原有地区的生态服务功能 本土植物修复：进行生态修复，发挥野草、乔木的生态效益 自然修复：依靠自然的力量进行修复，缓解生态压力
建设区竖向控制	昌平老城、东扩片区竖向控制	应呈组团式布局，高层建筑集中布置形成区域中心
	北七家镇镇区竖向控制	应以多层和低层为主，局部地段建设标志性建筑物
	普通村庄竖向控制	应以低层建筑为主，保持乡村风貌特色

（2）水系与水环境景观风貌控制导引　　水系具有较强的连续性，能够很好地沟通整个自然生态系统，并将城市和乡村联系起来。在整个自然生态系统中发挥着重要的作用。昌平区位于北京市上风上水的位置，境内水系分布广泛，规划将城乡范围内主次河道、水库、湿地和鱼塘作为水系与水环境整治的重点，针对不同功能的水体从岸线形态、水环境生物多样性、水体利用等方面进行分类风貌控制引导。具体控制导则如下（表5-8）。

水系与水环境景观控制导则　　表 5-8

控制分类	控制内容	引导措施
主河道景观控制引导	温榆河南沙河东沙河虎峪沟白杨城沟四家庄河等	完善主河道植被生态体系，构建多重景观层次，多采用乡土树种，色调搭配合理，坚持保护与开发协调
次要河道景观控制引导	葫芦河肖村河邓庄河兴隆口沟得胜口沟八家排水沟等	次要河道景观应与主河道景观系统相互形成有益补充，完善河流景观系统
湿地景观控制引导	沙河湿地东沙河湿地	将河流湿地划分为景观体验空间、景观展示空间、景观恢复空间，景观恢复空间禁止建设开发
水库景观控制引导	兴隆口水库南庄水库桃峪口水库沙河水库十三陵水库等	重组水库空间形态，发挥“整合”效能，建立水库风景区多功能体系，重点结合十三陵水库的人文资源优势，构建水库风貌景观
鱼塘景观控制引导	位于沙河沟、东沙河、温榆河中下游流域的鱼塘	结合鱼塘的多种生产及经营方式，可参考借鉴基塘景观模式，考虑经济性、可持续性，发展适合昌平特色的鱼塘景观体系

（3）植被系统景观风貌控制导引　昌平区作为京北重要的生态屏障，自然植被覆盖的山地和农林覆盖的丘陵地占59%，平原基本农田约占6%左右，总体生态化覆盖率在70%以上。北部和西部山区森林覆盖率高，林区内拥有十三陵风景名胜区、菩萨鹿自然风景区、白虎涧风景区、礁臼峪风景区、银山塔林风景区等众多风景名胜区，除了具有重大生态涵养作用外，还承载着大量的文化信息。在城乡特色风貌控制规划中应加强整个山林植被系统的景观多样性，努力提高有林地的面积，对于较为脆弱的山林植被加以保护；同时将林地植被景观塑造同风景名胜区建设紧密结合，保证林地植被的种类同风景区的主题和整体氛围相适应。

昌平区中部和东南部为平原地貌，农田植被和果园植被作为主要的植被构成东南部城乡风貌的基质。昌平区苹果产业带和草莓产业带已经具有一定的规模，并具有一定的区域影响力，在一定程度上影响着区域的农村产业风貌和自然景观风貌，应从平面布局、立体设计和季相设计等方面加强对特色果园植被的风貌特色引导。农田植被作为乡村地区分布范围最广的自然基质决定着整个乡村地区的风貌基调。随着北京市及周边地区大力发展都市农业，强调农业的多功能和农田景观的多样化，应重视农业示范园和特色农业的培育和种植。

此外，城乡建设区内部和周边的大型公园正逐步成为展现地区风貌和特色的重要窗口，应使公园景观植被同周围环境相协调，按照公园的使用要求，强调植被景观的生态性和功能性。具体的控制引导措施如下（表 5-9）。

植被系统景观控制导则　　表 5-9

控制分类	控制内容	引导措施
林地植被景观控制引导	菩萨鹿自然风景区 白虎涧风景区 礁臼峪风景区 银山塔林风景区	林业用地景观是整个昌平植被景观的基质，提高有林地的面积，增强林地植被景观多样性 对于缺乏稳定性的林地树种加以保护
果园植被景观控制引导	苹果产业带（北起十三陵镇东至崔村镇） 草莓产业带（西起崔村镇东至兴寿镇）	平面设计，合理布局生产区、示范区等区域 立体设计，充分利用乔化果树、矮化果树等果树设计多层次的绿色复合空间 季相设计，具有时间序列的园林景观。造型设计，整形修剪

续表

控制分类	控制内容	引导措施
农田植被景观控制引导	金六环农业园 小汤山农业示范园	发挥农业园的基础优势，以差异化造景为指导，构建昌平特色农业园景观风貌 基本农田、一般农田根据需要进行景观控制引导
公园植被景观控制引导	昌平公园 埝头综合公园 马池口郊外生态公园 南邵中心综合公园	公园景观植被与周边环境相协调，满足人的行为需求，强化生态绿化景观的建设

（4）生物多样性系统控制导引

① 河流生物多样性控制引导　河流及其两侧区域是动植物生存和迁徙的重要走廊，也是城乡风貌特色的重要组成部分。因此，在昌平城乡特色风貌控制规划中，对温榆河、南沙河、东沙河、虎峪沟、白杨城沟、四家庄河等主要河道，以及葫芦河、肖村河、邓庄河、兴隆口沟、得胜口沟、八家排水沟等次要河道的生物多样性进行控制导引。在规划建设中，具体应考虑：保持河流的蜿蜒性以保护河流形态多样性；保持河流断面多样性，尊重河流原有的自然断面形态；河道防护工程岸坡采用有利植物生长多孔的透水材料，特别注意采用昌平当地天然材料；水利工程设计应为植物生长和动物栖息创造条件；提高水库水体自净能力和自我修复能力；注重现有湿地的保护与恢复。

② 农林生物多样性控制引导　随着城乡建设用地范围的逐步扩大，城市外围的农林地带成为野生动植物的主要栖息地，无论是山林地带的自然风景区还是普通的农田种植区域都存在着大量的生物群落。在规划建设中，应加强监督管理，完善自然保护区，对现有农林用地进行严格保护，这是农林地生物多样性维持发展的重要保证；减少化学物质的使用，是保护农林生物多样性的时代需求；建立混交林，是保护林业生物多样性的新途径。

5.3.3.2　道路景观系统风貌控制导引

（1）区域内交通性道路景观风貌控制导引　区域内主要道路承载着大量的城乡交通，是行人进入风貌单元和感知城乡风貌的主要路径。由于昌平地貌特征多样，主要交通道路穿越城市、农村、平原、山区等多种风貌特征区域。在平原地区应加强不同区段道路两侧景观绿化建设和沿路村庄环境整治，在山区应加强道路两侧裸露岩石的绿化美化，丰富交通性道路两侧景观风貌内容。

（2）区域内生活性道路景观风貌控制导引　区域内生活性道路主要为各乡镇和村落之间的联系道路，以及温榆河、东沙河等主要河流沿岸的滨水道路。这些道路车速较慢，可作为区域内主要的自行车游憩道路，展现其良好的景观风貌。应充分体现区域内生活性道路的游憩和观赏职能，对道路两侧的植物进行多层次、多色彩搭配设计，增强沿路两侧景观的趣味性，同时在道路两侧适当位置布置休息和展示空间。

（3）城市交通性道路景观风貌控制导引　府学路、南环路、鼓楼南大街、东环路、亢山路等道路作为昌平城区重要的城市交通性道路是行人认知昌平城区的主要途径。沿路两侧分布着大量的商业办公建筑和公共服务设施。街道两侧的建筑高度、体量、色彩风格，街道绿化、街道设施的风格样式影响着行人的视觉和心理感受。城市交通性道路两侧建筑造型应简洁大方、高低错落，形成具有节奏韵律的街道形象。

（4）城市生活性道路景观风貌控制导引　　中石路、和平街、圣庙胡同、大将军胡同、燕平路等重要的城市生活性道路两侧分布着大量与日常生活关系紧密的服务设施。由于行人速度较慢，沿街步行环境的营造显得尤为重要。应加强对建筑细部的处理和街道景观绿化的建设，保证街道步行环境的安全性，在商业特色街区设置各类休憩设施，增强街道的生活趣味。

此外交通场站的环境和交通设施系统的风格样式对街道景观风貌都有重要影响。规划选取昌平城乡范围内各类重要道路和设施系统进行分类控制，具体措施如下（表 5-10）。

道路景观系统控制导则　　表 5-10

分　类	控制内容	控制引导手段
区域内交通性道路景观控制	八达岭高速六环路 立汤路京包高速 昌谷公路	道路从山间穿过时，两侧要有护坡，护坡上要根据当地植被特征种植相应的植物。当村庄紧邻道路时，应设路旁的花园，既美观又有隔离噪声遮挡视线的作用。重点水域周边加强人工绿化
区域内生活性道路景观控制	禾子涧路南雁路 李流路秦北路 顺沙路太平庄北街	根据区域内不同的环境特色，创造出不同层次、不同色彩的环境景观。结合滨水优势，体现良好的生态环境。考虑区域内气候因素，利用季节景观变化
城市交通性道路景观控制	府学路南环路 鼓楼南大街东环路 亢山路	考虑城市交通性道路的路段较长且路幅较宽，街道上应有完整的绿化。其两侧建筑物一般要求较简洁，强调轮廓线和节奏感，没有多余的装饰
城市生活性道路景观控制	中石路和平街 圣庙胡同大将军胡同 燕平路	城市生活性道路两侧建筑立面形式统一。道路中间绿化带植物配置要有昌平的特色。靠近景观林带的景观步行系统其多采用与林带相结合的曲线
静态交通场地铺装控制	昌平北站昌平火车站 沙河火车站	运用现代造型，采用简洁风格的设计。考虑其自身的特色，融合一定的自然元素
设施系统控制	交通标识道路指示牌 景区标志	突出街道特色，与周围建筑融为一体。完善交通标志等设施构成典型的生活性道路

5.3.3.3　建筑系统风貌控制导引

在城乡建设区域内建筑是主要的物质构成要素，建筑的色彩、风格、样式反映着区域的文化特质。昌平区地域广阔，区内既有历史文化底蕴深厚的巩华城、十三陵等历史文化遗址，又有东扩片区的现代商业商务中心区，还有回龙观等大型现代居住社区。对不同历史区域、不同性质建筑进行色彩控制和样式引导具有很强的现实意义。

（1）城乡色彩体系控制导引　　城乡整体色彩决定着城乡整体风貌基调，城乡色彩体系的形成是长期发展积淀的结果。色彩的选择具有很强的地域性和民族性，不同的民族或气候地区会具有不同的色彩偏好。同时不同性质的建筑也会具有不同的色彩倾向。合理的城乡色彩规划可以增强当地居民的认同感和归属感，同时可以给外来人员形成深刻的印象。通过实地调研和分析提炼，规划选择赭石色系（在中国传统文化中，赭石色赋予建筑庄重、高贵、典雅的形象，应用赭石色，不但符合北京昌平厚重的历史氛围，而且能够创造具有时代气息的建筑）、灰色系（给人以理智、沉稳的感觉，大气、厚重、自然，既传承浓厚的文化底蕴，又体现超前的时代精神，符合昌平的传统特色和现代气息）、亮丽色系（呼应北方城市的气候特点，选择亮丽色作为主色调，打破冬季寒冷、单调的气氛，丰富环境，使寒冷地区城市亮丽起来。同时代表平和、稳重、包容，表达昌平对外界的欢迎之态）对昌平区进行分片区、分类型的色彩引导控制，并对具有代表性的昌平老城、东扩区、巩华城、高教区制定详细的色彩规划（图 5-22）。

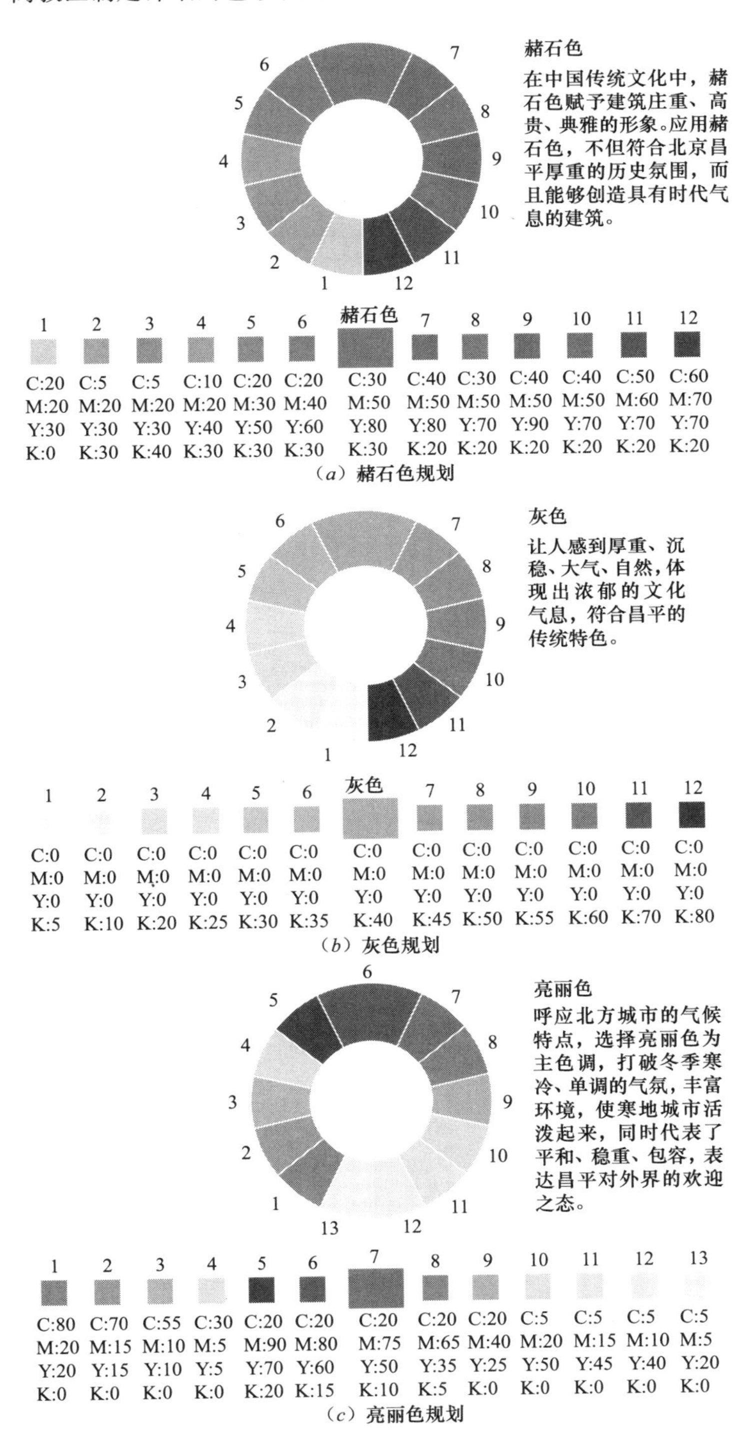

图 5-22　昌平重点片区色彩体系规划（一）

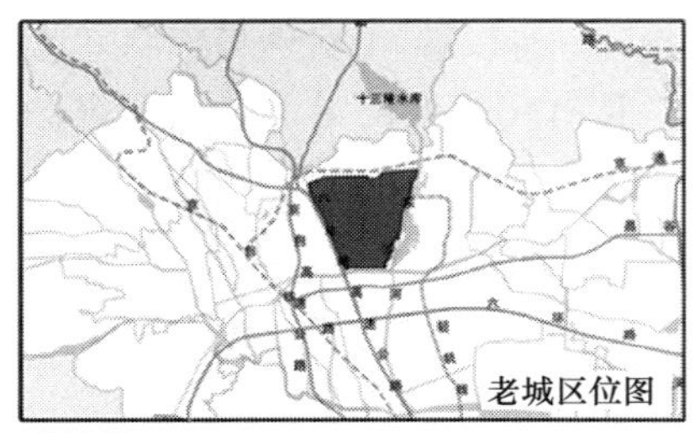

老城区

采用古朴、庄重的色调，结合大气、厚重的建筑形象，突出老城区的传统文化特色。

老城区建筑外观推荐色彩					
色相	色样	色值范围			
基本色 灰色		C: 0~5	M: 0	Y: 0~5	K: 5~50
搭配色 棕色 土黄色		C: 20~30 C: 10~20	M: 40~50 M: 20~30	Y: 50~60 Y: 30~40	K: 20~40 K: 0~10
点缀色 红色 蓝色 白色		C: 20~30 C: 30~70 C: 0	M: 60~80 M: 0~50 M: 0	Y: 60~70 Y: 5~60 Y: 0~10	K: 10 K: 10 K: 0~10

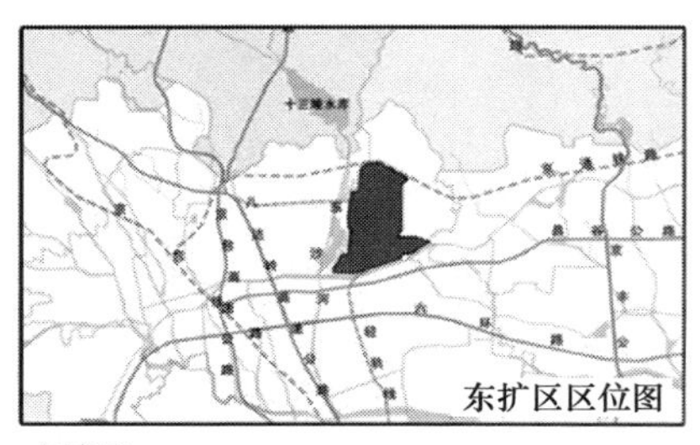

东扩区

采用简洁、明快的色调，创造新颖且具有视觉冲击力的建筑形象，充分体现现代都市气息。

东扩区区建筑外观推荐色彩					
色相	色样	色值范围			
基本色 灰色 土黄色		C: 0~5 C: 10~20 C: 20~30	M: 0 M: 20~30 M: 40~50	Y: 0~50 Y: 20~40 Y: 50~80	K: 5~50 K: 0~10 K: 20~40
搭配色 灰色 棕色		C: 0~5 C: 20~30	M: 0 M: 60~80	Y: 0~5 Y: 60~70	K: 0~10 K: 10
点缀色 黄色 蓝色		C: 0~10 C: 30~70	M: 0~20 M: 5~50	Y: 40~100 Y: 5~60	K: 10~50 K: 10

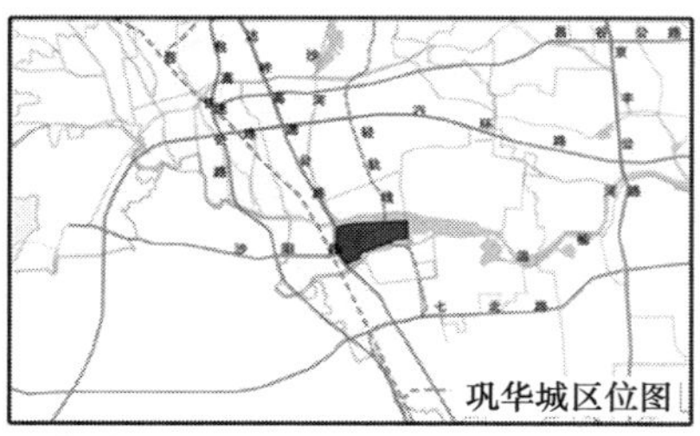

巩华城

采用简洁、自然的色调，体现传统建筑古朴浑厚、严整开朗的风格，呼应古城的传统风貌。

巩华城区建筑外观推荐色彩					
色相	色样	色值范围			
基本色 灰色 土黄色 棕色		C: 0~5 C: 10~20 C: 20~30	M: 0 M: 20~30 M: 40~50	Y: 0~50 Y: 20~40 Y: 50~80	K: 5~50 K: 0~10 K: 20~40
搭配色 白色		C: 0~5	M: 0	Y: 0~5	K: 0~10
点缀色 黄色 蓝色 红色 黑色		C: 0-10 C: 30-70 C: 20-30 C: 80~100	M: 0~20 M: 5~50 M: 60~80 M: 50~100	Y: 40~100 Y: 5~60 Y: 60~70 Y: 50~100	K: 10~50 K: 10 K: 10 K: 50~100

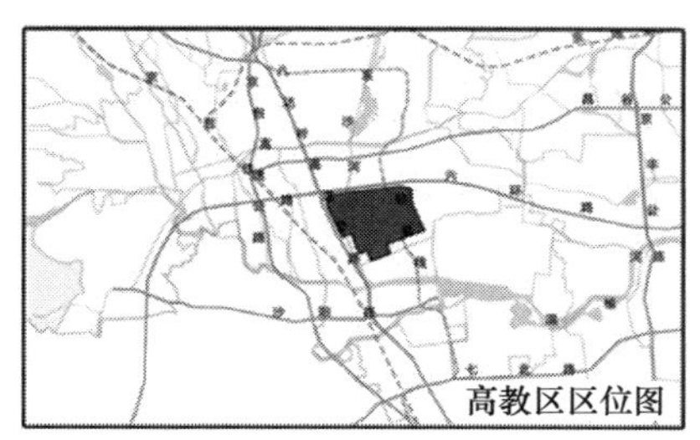

高教区

采用简约、大气的色调，结合新技术、新材料，展现现代化高教园区的风格特征。

沙河高教区建筑外观推荐色彩					
色相	色样	色值范围			
基本色 灰色 棕色		C: 0~5 C: 20~30	M: 0 M: 40~50	Y: 0~5 Y: 50~80	K: 5~50 K: 20~40
搭配色 灰色 棕色		C: 0~5 C: 20~30	M: 0 M: 60~80	Y: 0~5 Y: 60~70	K: 0~10 K: 10
点缀色 黄色 蓝色		C: 0~10 C: 30~70	M: 0~20 M: 5~50	Y: 40~100 Y: 5~60	K: 10~50 K: 10

（*d*）分区色彩规划

图 5-22　昌平重点片区色彩体系规划（二）

(2) 城乡建筑风格控制导引　城乡范围内人工建筑主要分布于城市、周围各乡镇和村庄内部，建筑的风格影响着城乡地区景观风貌秩序。如果一个片区内建筑风格杂乱无章，即使其他方面景观环境设施完善，也不会给人良好的印象。建筑风格主要由建筑的色彩、体量、建筑材料和风格样式等构成，规划针对不同区域内不同性质的建筑提出相应的城乡建筑风格控制导引（图 5-23）。

办公建筑现状分析	办公建筑引导规划			
	风格形式	体量尺度	建筑材料	建筑色彩
现状办公建筑在形式上以现代风格为主，少量传统坡屋顶建筑，体量大气自然，但部分建筑风格与周边环境缺少协调；材料运用上主要采用传统建筑材料，部分采用玻璃幕形式；色彩搭配上，以冷色调为主，给人以庄严肃穆之感，部分建筑冷暖杂糅，给人压抑感	建筑的总体风格应与重要建筑相呼应，强调建筑风格与周边环境的协调，主要建筑立面、入口朝向人流较多，景观较好的方向	坚持以人为本的原则，符合人的需求为准则，体量适中，大气，自然，厚重，体现办公建筑的庄严肃穆	运用现代建筑的材料，注重新技术、新工艺的应用，以石材、仿石材为主，辅以玻璃、金属等	定义为温馨庄重；其意向表达未经修饰般自然的柔和。虽然不华丽，但能感到一种舒适。环境色以天空、地面、树木的颜色为主，配以车辆的颜色

（a）办公建筑引导规划

商业建筑现状分析	商业建筑引导规划			
	风格形式	体量尺度	建筑材料	建筑色彩
现状商业建筑风格大致分为两种，一种为传统的檐口屋顶形式的建筑，另一种为现代建筑风格的建筑，两者之间的协调较差；建筑材料使用较为单一；建筑色彩协调较差，缺乏统一色调	建筑应坚持传统与现代风格相融合，形式生动活泼，步行空间层次丰富、充满生活情趣，沿街建筑错落有致，营造丰富的开敞空间和良好的商业氛围	坚持以人为本的原则，符合人的需求为准则，标志性商业建筑应注意与周边环境的关系，形成大气、简朴、多元化的商业空间	建筑材料的选择应注重当地自然材料与人工材料的相互结合使用，突出本地的特征，同时兼具时代感，注重新技术、新工艺的应用	商业建筑的色彩应满足人的心理需求，以营造舒适的购物环境，总体色彩活泼，近人尺度的细部设计要考虑生活的便利性

（b）商业建筑引导规划

居住建筑现状分析	居住建筑引导规划			
	风格形式	体量尺度	建筑材料	建筑色彩
现状居住建筑以高层和多层为主，新建居住建筑风格多以现代建筑风格为主，与原有的老城建筑风貌缺乏协调；建筑材料采用较为单一；建筑色彩以暖色为主，有相当一部分楼盘采用灰等冷色，应处理好与周边环境的协调	建筑应主要考虑人的行为特征，建筑风格给人以亲切、温馨的感觉，同时也应兼具时代感，符合年轻人的心里需求，与时尚接轨	坚持以人为本的原则，符合人的需求为准则，体量以满足功能需求为原则，不宜过大，以免大进深影响使用	建筑材料的选择应注重当地自然材料与人工材料的相互结合使用，突出本地的特征，同时兼县时代盛，强调不同的材料风格的融合与协调	色彩应满足人的心理需求，营造温馨、舒适的感觉，总体色彩以暖色调为主，也可以冷色调为主体创造符合年轻人心里需求的时尚社区

（c）居住建筑引导规划

高层建筑现状分析	高层建筑引导规划			
	风格形式	体量尺度	建筑材料	建筑色彩
现状高层建筑以现代风格为主，较为统一，缺少局部对比与变化。厚重大气，但过于均一；材料运用上主要采用传统建筑材料，以砖、石材、涂料为主；色彩搭配上，高层居住建筑采用暖色系，局部点缀冷色，高层公共建筑以冷灰色系为主，给人以庄严肃穆之感	在城市的重要节点布置高层建筑，以起到区段标志性的作用。建筑风格应体现传统与现代，大气厚重，既与整体建筑风格相统一，又可展现该区段的独特魅力	体量大气，自然，厚重，大体块的虚实对比与整体造型的艺术性共同组成城市空间的控制性尺度，在建筑周围控制足够开阔空间，衬托其重要性和独特性的地位	建筑材料的选择应注重当地自然材料与与人工材料的相互结合。提倡运用现代建筑材料，以玻璃、石材和金属为主，局部可采用涂料加以强调	色彩整体优雅、温和，色彩选择应与环境相协调的基础上增加色彩变化。环境色以天空、白云及树的颜色为主

（d）高层建筑引导规划

图 5-23　昌平城乡建筑风格控制导则（一）

工业建筑现状分析	工业建筑引导规划			
	风格形式	体量尺度	建筑材料	建筑色彩
现状工业建筑依然沿袭了现代建筑的风格特征，欠缺昌平特色，与周边环境缺乏协调；建筑材料使用单一，缺乏变化；建筑色彩以灰、白、蓝等传统工业建筑颜色共搭配，没有体现出昌平应有的风格特征	此类建筑应体现工业的时代魅力特征，建筑形式大气、简朴，可以以钢、玻璃等现代建筑材料体现现代高科技产业的特征，形成良好的企业形象	坚持以人为本的原则，同时需要满足工业建筑的形象需求，给合作单位以良好的直观印象，同时塑造产业园区的整体特征，因此体量要相互协调	建筑材料突出本土特征，同时兼具时代感，强调不同的材料风格的融合与协调，可以多采用钢、璃璃以及其他新型建筑材料，充分体现时代特征	建筑色彩主要以白、灰、蓝等简洁颜色为主，体现昌平特色，塑造大气、简朴的、符合工业建筑特征的建筑风貌

(*e*) 工业建筑引导规划

科教文卫建筑现状分析	科教文卫建筑引导规划			
	风格形式	体量尺度	建筑材料	建筑色彩
现状科教文卫建筑风格主要以现代建筑风格为主，风格比较单一，新建建筑与原有老城建筑风格缺乏协调；现状科教文卫建筑色彩以灰为主，一些建筑采用暖色；总体颜色应丰富并考虑与周边环境协调	此类建筑应保证本土特色的前提下，与现代建筑形式相结合，简朴、自然。建筑形式应生动、富有亲和力，此外应注重与原有的传统建筑风格相协调	坚持以人为本的原则，符合人的需求为准则，体量以满足功能需求为原则，不宜过大	建筑材料的选择应注重当地自然材料与人工材料的相互结合使用。突出本地的特征，同时兼具时代感，注重新技术、新工艺的应用	色彩应满足人的心理需求，以营造舒适的文化、科研、教育环境，总体色彩活泼，近人尺度的细部设计要考虑各种活动的便利性

(*f*) 科教文卫建筑引导规划

平原村庄现状分析	平原村庄建筑引导规划			
	风格形式	体量尺度	建筑材料	建筑色彩
现壮建筑在形式上主要是瓦房，包括红砖红瓦、红砖灰瓦、白墙红瓦，白墙灰瓦等多种形式的组合。部分地区存在蔬菜大棚建筑、平房建筑及多层建筑。整体建筑体量多样，转为零碎杂乱，缺少统一；建筑色彩以红、白、灰为主，但三色相互交织杂糅在一起，缺少主次之分	建筑的总体风格以传统瓦房为主，学校、医疗、企事业单位的建筑可灵活多变，增加平原村庄建筑的丰富多样性。同时注重传统与现代的有机结合	坚持以人为本的厚则，符合人的需求为准则，适当舒展开阔，注重主体建筑与辅助偏房的体量对比与协调，保持总体风貌上的完整、连续、统一	建筑材料以当地的乡土材料砖瓦、石材等为主，逐步引入新技术、新工艺，突出平原村庄建筑的本土特色	延续传统乡村建筑的主色彩搭配：红、白、灰三色。依据周边天空、地面、树木等环境色的特点，分片区提取、确定主导色彩，并以此控制未来的村庄建设

(*g*) 平原村庄建筑引导规划

山区村庄现状分析	山区村庄建筑引导规划			
	风格形式	体量尺度	建筑材料	建筑色彩
现状建筑在形式上主要是瓦房，包括红砖红瓦、红砖灰瓦、白墙红瓦、白墙灰瓦等多种形式的组合，建筑处于山区，高差较大，挡土墙、接地形态的处理欠妥当。建筑布局灵活自由，但过于分散，联系较少，缺少有机统一	建筑的总体风格以传统瓦房为主，注重山地建筑形态与城市文脉的延续，强调与山体、树木、河流的结合，因势利导，和谐共生	坚持以人为本的原则，符合人的需求为准则，体量轻巧灵活自由，若隐若现在山水树的怀抱之中，朴素大方，回归自然	建筑材料充分利用当地的乡土材料砖瓦、石材等，节约能源，强调生态效应，走可持续发展道路，同时要突出山区村庄建筑的本土特色	延续传统乡村建筑的主色彩搭配：红、白、灰三色。依据周边天空、山体、岩石，树木等环境色的特点，分片段提出适合的主色调，分片段控制

(*h*) 山区村庄建筑引导规划

乡镇建筑现状分析	乡镇建筑引导规划			
	风格形式	体量尺度	建筑材料	建筑色彩
现状建筑在形式上主要是2~5层的平屋顶建筑，涵盖了商业、工业、办公、居住、文化科教等多方面的建筑类型；造型杂乱，缺少统一；风格多样，缺少对北京城传统文脉的延续	建筑风格应简约、简朴、大气、自然，突出乡镇文化特色，适当增加中国传统建筑风格，呼应北京城的悠久历史立脉	坚持以人为本的原则，符合人的需求为准则，体量厚重大气，突出与传统瓦房村舍的对比，强调其在村镇中的主体地位	建筑材料优选当地的乡土材料砖瓦、石材等，适当采用新技术、新工艺，突出乡镇建筑的现代化特色	乡镇建筑可根据建筑功能的不同而灵活选择色彩。色彩的搭配要考虑周边建筑、环境的影响，注意相互间的协调与过渡

(*i*) 乡镇建筑引导规划

图 5-23　昌平城乡建筑风格控制导则（二）

5.3.3.4 标志与标识系统控制导引

（1）标志性建筑物与构筑物风貌控制导引 区域内特征鲜明的建筑物与构筑物往往成为区域内视觉焦点和地标。这些标志性建筑物与构筑物的形象与周边环境影响着观察者对整个片区的风貌印象。规划在昌平城乡范围内选取老城北部高层集中区、奥运体育馆、六环立交桥、北汽福田总部大楼、碧水大厦、华北电力大学主楼、万科金隅、阳光商厦、昌平大桥、拉菲特城堡酒店等作为昌平城乡范围内的主要标志性建筑物与构筑物。在具体风貌特色塑造过程中，应保持标志物本体的完整性、美观性及醒目性，对周边环境进行整治，相应视线廊道内不得出现对其构成遮挡的建筑物及构筑物。

（2）标志性场所风貌控制导引 中国石油科技创新基地、九华综合运动服务中心、中关村生命科学园、华滨庄园、西关环岛、世界草莓大会会址、金沙河水库、小汤山农业示范园、昌平公园等重要标志性场所作为展现昌平产业风貌和文化内涵的重要节点应加强风貌特色控制导引。在具体的风貌建设过程中应对场所周边建筑环境进行控制，保证周边一定范围内对其的可视性。

（3）特色文化标志风貌控制导引 敕赐和平寺、居庸关长城、巩华城、神道、昭陵博物馆、定陵博物馆、长陵博物馆、永陵、延寿寺等重要特色文化标志是昌平区历史文化形象的代表和地域文化的重要载体。在规划建设中，应对标志物本体进行妥善保护，并在其周围建设一定规模的风貌协调区，对区内建筑物、构筑物及相关设施进行风貌协调设计。

（4）区域制高点风貌控制导引 区域制高点即是城乡范围内的视觉焦点，又是观赏整个城乡风貌的有利观赏点。规划在昌平境内选取1080.3高点、望儿坨、1086.6高点、雪山、卧龙山顶、昌平南山、蟒山顶、杨山顶等重要的区域制高点进行风貌控制导引。在规划建设中，对制高点相关视线通廊内及周边建筑高度进行控制，对其本体应以保护为主，若确需进行建设，应以生态优先为原则。

（5）规划标志物风貌控制导引 在昌平城乡特色风貌控制规划中，对东扩规划高层、沙河规划高层住区、北师大规划高层、巩华城西商业楼、巩华城东商业楼等重要规划标志物的风貌特色进行控制导引。在具体规划建设中，对新增标志物应以高层次、高标准、高要求为原则，新增标志物应对相关区域整体景观达到结构性优化的效果。

5.3.3.5 设施与技术景观控制导引

（1）公共设施风貌控制导引 座椅、灯柱、残疾人步道、自行车停车架、废物箱、公共厕所等主要公共环境设施作为城乡各类功能空间的支撑系统在很大程度上决定着各系统和各类空间使用效率。这类设施的风格样式影响着风貌单元的风貌形象，在规划建设中，公共设施的设置要充分体现出人文关怀，以人的使用要求来确定公共设施的具体设施数量和设置范围；以简洁明快的现代风格作为主导设施样式，同时要充分结合自然要素；公共设施（路灯、休闲座椅、公共厕所、景观构筑物等）要形成综合的设施体系，在色彩和材质的搭配上要相互协调，同时注重与自然基调的统一。

（2）技术景观风貌控制导引 伴随着新能源、新技术的利用，城乡地域内出现各种类型的技术设施，这些设施表现出独特的景观风貌特色，昌平城乡范围内拥有各种类型的科技园区、农业科技示范园、绿色能源设施等，在具体规划建设中应加强对绿色能源和生态技术的应用，充分体现技术景观的科技风貌。例如，充分利用自然能源，如风能、太阳能、地热能源等，形成城市的风力发电、太阳能照明系统；借助生态技术手段完善城市的基础设施体系，如城区可以采用无管道排水系统，雨水回收利用系统以及地下水保护系统；倡导生态建筑的发展，新建建筑提倡“零耗能”的生态建筑理念，如高科技产业园区的建筑可以考虑绿色环保建筑材料和建筑的再利用，使用无加工建筑材料、外立面植被覆盖建筑、透水地面工程、屋顶架空薄层绿化技术、太阳能建筑光板、建筑屋顶光伏电池等设备和技术。

5.3.3.6　视觉空间系统控制导引

视觉空间系统是展现城乡风貌特色要素，组织风貌感知的主要途径。保护和构建城乡范围内重要视廊是组成城乡风貌建设和规划的基础，为实现对特色要素的感知还需保证视廊两侧重要特色要素的可视性，积极构建特色视线。为进一步展现城乡风貌特色还需选取景观风貌特色鲜明、要素丰富的区域作为重要视域进行重点风貌控制和引导（图 5-24）。

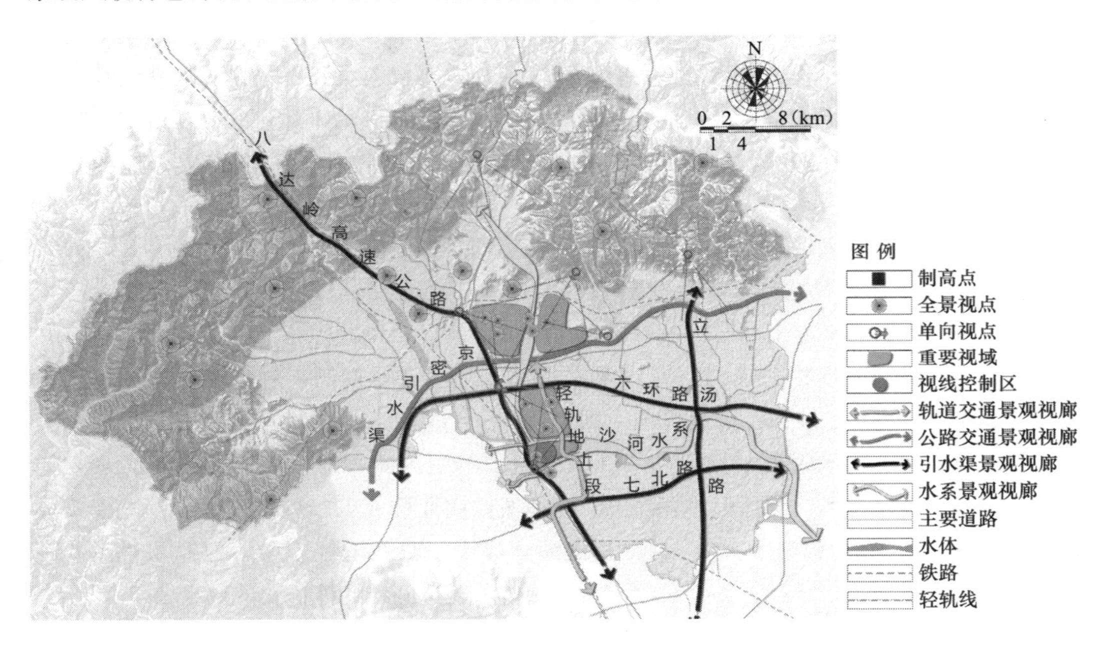

图 5-24　昌平区视觉空间要素分析图

（1）特色视廊控制导引　　人类各种建设活动和生产生活大多沿重要道路展开，道路两侧要素往往作为风貌建设和整治的重点对象。因此，区域内重要交通道路往往也是区域内重要特色视觉廊道。八达岭高速公路作为昌平区重要的对外联系道路，连通区内许多重要的景观风貌单元和风貌节点。在昌平城乡特色风貌控制规划中，对八达岭高速公路视廊风貌特色进行重点控制导引，沿八达岭高速公路形成北部山区、城镇建设区、乡野风貌区、水体景观区等不同基质的景观区域，并保证形成形态优美的天际轮廓线。

（2）特色视线控制导引　　特色视线的保护是为保证区域内重要的特色景观节点可以在一定的视觉路径上具有可视性。在昌平城乡特色风貌控制规划中，对巩华城景观视线风貌特色进行重点控制导引，规划建设时通过控制高度，在视觉上保持重要景观和地标建筑之间的视觉可达性。

（3）重要视域控制导引　重要视域是城乡范围内景观特征鲜明，视觉形象突出的风貌片区。在昌平城乡特色风貌控制规划中，对昌平老城区、东扩片区、巩华城片区的景观视觉特色进行重点控制导引。

① 昌平老城区景观视觉控制导引　昌平老城区具有一定的文化积淀，城区内部存在大量人文景观要素，规划应控制好城市入口及内部视觉空间结构。昌平大桥作为进入昌平老城区的门户，以其优美的造型和绝对的高度成为地标性景观构筑物。老城内的高层建筑应呈组团式集中布局，形成不同等级的区域中心，结合山体轮廓形成高低错落的优美城市天际线（图 5-25*a*）。

② 东扩片区景观视觉控制导引　景观视线控制与空间结构相协调，其中商业核心区整体建筑在高度上最为突出，东部新区的最高点地标建筑位于该区。具体规划建设应创造和维护东部新区独特的天际线，形成人们对于东部新区的方向感与认同感（图 5-25*b*）。

③ 巩华城景观视觉控制导引　巩华城作为昌平区重要的历史文化节点，具有重大的保护价值和视觉审美特征。规划保留并强化通辽门、威漠门、扶京门、展思门、太清宫遗址公园形成的古城轴线，保持视线的通透；严格控制古城遗址周围的建筑高度，保证巩华城的风貌；沿八达岭高速公路建设现代商务、商业、居住建筑，充分体现古城新风（图 5-25*c*）。

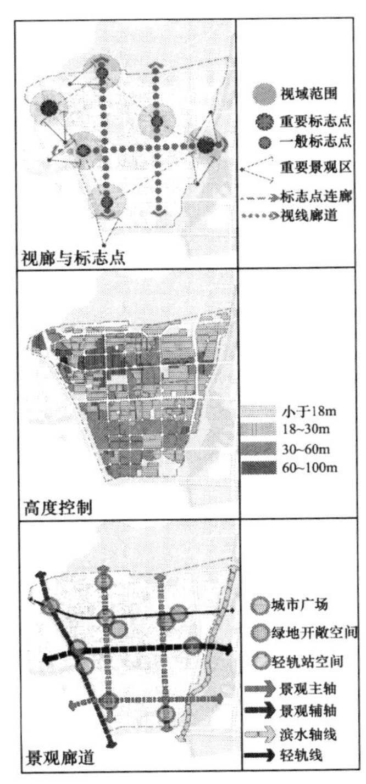

a. 老城市控制引导

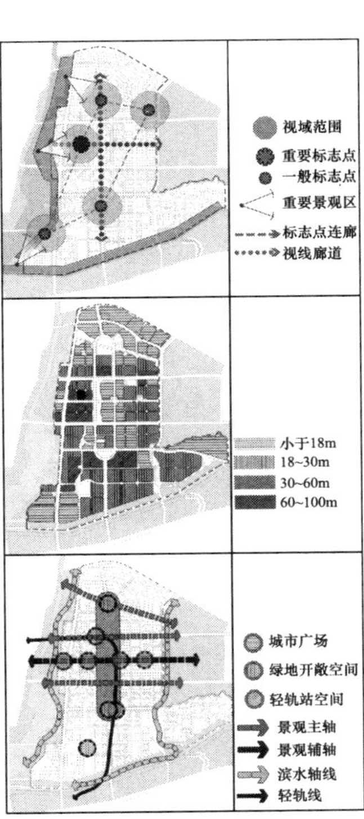

b. 东扩区控制引导

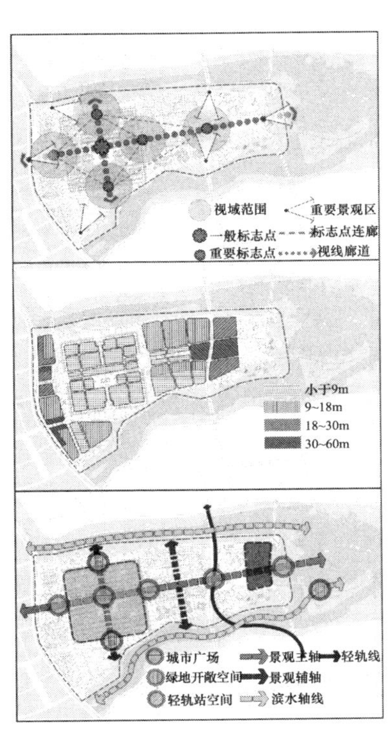

c. 巩华区控制引导

图 5-25　重要视域控制引导

5.4 昌平城乡特色风貌实施与管理

5.4.1 实施与管理现状

以往的景观风貌规划编制是在现状景观元素分析的基础上，提出整个城市宏观评价，建立一个全市景观风貌体系，对城市宏观层面重点加以控制，忽略对宏观、中观、微观各层面加以系统整合，未能实现对整个城市的风貌和景观格局的有效控制。此外，以往的城市景观风貌规划对各种景观要素的系统性研究不够，在宏观的景观控制结构提出以后，往往集中控制绿地景观、滨水景观、城市天际线等中观层面的景观，未及时控制和引导微观层面的各类景观要素，而中微观层面的景观要素的控制和引导对规划管理部门最具有指导意义，所以以往的城市景观风貌规划的可操作性不理想，难以满足城市规划管理的需要。

同时，不同层次社会群体很少能参与以往的城市景观风貌规划，这样导致群众对城市景观风貌规划认同感偏低，难以落实规划实施。在大部分景观风貌规划中，公众参与的程度十分有限。在景观风貌规划调查过程、规划目标确定以及各层面景观控制等方面，未能广泛吸收公众意见。因此，景观风貌规划中的公众参与更多的只是群众的有限参与、规划后参与、被动参与和形式上的参与，未能体现城市规划的公共政策属性。

5.4.2 实施与管理建议

5.4.2.1 加强规划管理改革

目前，基于我国城市景观风貌规划管理的现实状况，城市景观风貌规划管理改革的方向应是：彻底转变长期以来规划中以行政命令为主的管理方法，从不断健全法制建设和完善市场运营机制入手，运用科学发展观，按照“公开、公平和公正”的原则，改革规划审批制度，规范实施管理过程，构建民主、科学、严谨、规范的景观规划管理体制，重建人与自然、人与社会的和谐关系，创造理想的城市文化景观，实现城市的可持续发展。

5.4.2.2 提高公众认识，动员公众参与

城乡风貌的创造者和影响者是普通民众，同时城乡风貌规划的受益者也应是普通民众。因此在城乡风貌规划中，应倡导积极的公众参与政策。建设昌平独特的城市风貌是一项浩繁的系统工程和社会工程，在城乡风貌规划编制过程中，广泛征求当地居民对于地区发展和乡土风貌塑造的愿望，激发当地居民对于改善城乡风貌环境的热情，使城乡风貌的规划成果真正为当地居民所接受。在城乡风貌规划的后期实施和保护过程中，也应依靠当地居民的力量，在居民当中普及城乡风貌保护相关知识，积极引导居民开展保护和培育良好城乡风貌的活动，以形成具有较强认同感和归属感的城乡风貌。

5.4.2.3 实施规划设计兼容策略

要想形成完整的城乡风貌特色体系，单纯地将风貌特色规划作为一个独立的系统研究

还不够，应逐步实现各项规划设计的兼容，使各层次、各类型规划设计与城乡风貌特色规划相互渗透。

（1）城镇体系规划层面　　增补农业景观规划、村庄风貌规划、生物多样性保障体系、水环境景观规划等内容。

（2）城镇总体规划层面　　强化空间管制规划内容，拓展绿线和蓝线规划范围与内涵、宏观风貌与景观的控制的强制性内容，基于总体风貌特色的土地利用规划调整。

（3）控制性详细规划层面　　补充完善建筑形态、尺度、高度、密度及风格、色彩、材料与技术选择的控制标准；拓展道路景观、界面、道路绿化、设施等控制规划内容；增加自然风貌区、历史文化保护区等重点风貌区外围影响区的建设控制规划内容。

（4）专项规划层面　　提出城乡各专项规划与设计的风貌特色导引；编制风貌特色的重点项目规划；编制城乡绿色能源开发利用专项规划等。

5.4.2.4　分解目标，编制下一阶段专项规划

景观风貌规划鉴于建设山水景观风貌特色城市的复杂性、艰巨性和长期性，若要实现在规划期限内建成山水景观风貌特色城市的目标，作为一种政府行为，必须根据本研究课题选择的方案构思，加以审定之后，将建设的总目标分解到城市政府的经济、建设、文化、环保、林业和园林等相关职能部门，并编制出切实可行的山体景观保护规划、城市建筑风格及色彩规划等专项规划，服务城市景观风貌规划。各部门专项规划应受到政府全程监督，对部门领导实行年度目标和任期目标的双重考核，以确保山水景观风貌特色建设的目标落到实处。

5.4.2.5　尊重环境，加强城市设计

建设山水城市的依托和基础条件，是城市的自然环境和人文环境。对城市的人文特征及自然形态特征的尊重、保护和强化，使城市建设和自然环境、人文环境相统一、相协调，这也是城市规划、管理、建设的基本原则之一。设计人员只有充分认识和把握城市历史文化环境和城市自然景观，才能使城市环境富有灵性和统一性。只有人的主体意识和城市环境意识不断得到强化，进一步加强城市设计工作，通过宏观审视不同阶段的城市设计，整体安排和细心处理，才能满足城市景观风貌特色建设的要求，使城市的特色更加鲜明，更加熠熠生辉。

5.4.3　规划管理相关资源库

昌平区的风貌管理体系是一套以昌平城乡特色风貌控制规划为主要依据，从多层面、多角度对在建及规划项目实施有效管理，提升昌平风貌品位，提升城市建设质量，对昌平的总体风貌及特色风貌进行宏观把握的管理体系。在具体的城乡特色风貌实施与管理中，应在城镇体系规划、城镇总体规划、控制性详细规划、修建性详细规划以及各类专项规划编制过程中增加相关风貌控制内容，并建立风貌特色重点建设项目库（表5-11），以实现昌平区特色风貌规划的总体目标。

城乡风貌相关项目库　　表 5-11

层　次	项　目	层　次	项　目
宏观层次规划	永久性自然与人文景观保护规划	专项规划	建筑与构筑物垂直绿化系统规划
	生物多样性环境与景观规划		城镇绿化广场与绿色停车场体系规划
	农业林业用地大地景观规划		重点村镇风貌特色规划
中观层次规划	绿色能源与景观规划		重点民俗村与民俗旅游风貌特色规划
	综合水系与水景观系统规划		重点景观道路整治规划
	城乡休闲设施系统规划		京密引水渠沿线景观规划
	城乡文化及载体体系规划		城区出入口景观环境规划
	城乡公共艺术与视觉标识系统专项规划		北京轴线拓展景观规划
	农果花特色绿地系统景观规划		城镇道路场地生态铺装体系规划

5.5　本章小结

本章内容是在上一章节关于城乡风貌定位和城乡风貌系统构建对策理论研究基础上，分析提炼昌平区城乡风貌特色要素，进行城乡风貌构成要素解析、风貌特色体系建构。规划采用分片区和分系统相结合的方法从不同的范围和角度提出昌平城乡特色风貌控制引导的具体策略，并在此基础上提出特色风貌规划实施与管理的具体措施。

结　论

伴随我国城乡统筹战略决策的提出，城乡一体化进程不断加快。城乡经济社会发展进入了新时期。这要求规划管理者和参与者改变原有的将城乡对立的思想观念和工作方法，将城市和乡村作为一个有机体进行统筹考虑。与此同时随着城市和乡村地域经济发展和社会文化变迁，原有的城乡生态网络、产业结构、空间布局和社会文化形态等都发生了深刻变革。由于在发展过程中缺乏对各系统风貌特色的研究，造成各地城乡风貌趋同，原有特色景观不断消失的现象。原有城市风貌规划无论是在研究范围还是在研究内容上都无法满足城乡统筹的发展要求。

本书在以往相关规划设计方法和相关理论研究的经验基础上，对城市风貌研究内容进行了拓展和深化，提出了城乡风貌研究的观点。首先，针对城乡统筹背景下城乡发展出现的新趋势以及现阶段城乡风貌存在的新问题，从城乡统筹发展的角度给城乡发展建设和城乡规划提出的新要求。其次，在现状问题分析的基础上提出以系统科学、景观生态学、人文地理学、区域经济学等相关学科理论研究来指导城乡风貌研究的观点。再次，以相关理论研究为支撑，提出城乡风貌特色要素组成及城乡风貌空间结构，指出城乡风貌特色定位应该借助比较学相关方法通过区域内部比较和区际比较来确定，并应该运用发展变化的眼光来进行城乡风貌特色的保护和创新。最后，研究以北京市昌平区城乡风貌规划为实践，详细阐述城乡风貌的定位和各系统的风貌控制方法和相关技术方法的应用，并提出昌平区城乡风貌规划设计及实施管理的对策。

本研究基本创新点如下：

（1）构建了基于城乡统筹的城乡风貌规划体系，拓展了以往城市风貌规划体系的研究内容和范围

论文从宏观、中观层面上提出城乡风貌体系的构建，将城乡风貌特色要素分为自然风貌特色要素和人文风貌特色要素，并确定各要素的内涵和分类。在明确城乡风貌构成和风貌特色定位的基础上，确定了城乡风貌空间结构由城乡风貌圈、城乡风貌区、城乡风貌带、城乡风貌核组成。同时，研究突破以往城市风貌规划研究所涉及的研究体系及研究内容范围，超越了城市与乡村的行政区划、地形地貌、经济产业、道路交通等界线。以城乡统筹的角度，针对城乡风貌规划研究范畴特征，提出城乡风貌规划的方法体系是以实现城乡一体化的城乡风貌为目的的系统观；以实现景致宜人的城乡风貌为目的的自然观；以实现可持续的城乡风貌为目的的生态观；以实现底蕴深厚的城乡风貌为目的的地域观；以实现公平效率的城乡风貌为目的的经济观；以实现繁荣和谐的城乡风貌为目的的社会观；以实现历史与时代交融的城乡风貌为目的的文化观。

（2）创新性的将研究成果应用在北京市昌平区城乡风貌规划实践中，提出规划设计与

实施管理的对策

根据研究对象特征的代表性及对区域风貌的影响程度划分为不同的层面，从宏观、中观层面上提出城乡风貌的规划控制策略，并与相关技术研究方法结合，融人文景观风貌、生态景观风貌、空间形态风貌、经济产业风貌于一体，系统探讨适用于各空间层次的城乡风貌特色塑造对策与方法。同时，采用理论与实证相结合的方法，对城市人工建筑风貌特色、乡村植被景观特色、自然山水风貌特色等不同地域空间的风貌特色要素和各要素间的关系进行研究，进而提出“城市—乡村”统筹发展的城乡风貌格局建构方法。研究内容涉及物质空间环境和非物质空间环境等多个领域，以确保全方位地对城乡风貌特色进行保护和培育。

研究成果在北京市昌平区城乡特色风貌规划创新实践中取得了的具体效果，为进一步完善城乡风貌规划研究提供了第一手的理论依据。

参 考 文 献

[1] 石成球. 关于城市特色问题的讨论 [J]. 建筑学报，1991 (6)：19-21.

[2] 徐苏宁. 城市设计美学 [M]. 北京：中国建筑工业出版社，2007.

[3] 勒・柯布西耶. 明日之城市 [M]. 李浩，译. 北京：中国建筑工业出版社，2009.

[4] 金广君. 图解城市设计 [M]. 北京：中国建筑工业出版社，2010.

[5] Lesis Mumford. The City in History：Its Origins its Transformation and its Prospects [M]. New York：Harcourt Brace&World，1961：571.

[6] David Coleman. Landscape diversity in Europe：managing regional landscapes [J]. Landscape Research，1993 (1)：35-39.

[7] John Handley，Robert Wood，Sue Kidd. Defining coherence for landscape planning and management：a regional landscape strategy for North West England [J]. Landscape Research，1998 (2)：133-158.

[8] Ian Thompson. Aesthetic，social and ecological values in landscape architecture：A discourse analysis [J]. Ethics，Policy & Environment，2000 (3)：269-287.

[9] Matthias Bürgi，Anna M. Hersperger，Nina Schneeberger. Driving forces of landscape change-current and new directions [J]. Landscape Ecology，2004 (19)：857-868.

[10] Arjen E. Buijs，Bas Pedroli，Yves Luginbuhl. From hiking through farmland to farming in a leisure landscape：changing social perceptions of the European landscape [J]. Landscape Ecology 2006 (21)：375-389.

[11] Sue Kidd. Landscape planning at the regional scale：an example from North West England [J]. Landscape Research，2000 (3)：355-364.

[12] Valerie I. Cullinan，John M. Thomas. A comparison of quantitative methods for examining landscape pattern and scale [J]. Landscape Ecology，1992 (7)：211-227.

[13] Monica G. Turner，Robert V. O'Neill，Robert H. Gardner，Bruce T. Milne. Effects of changing spatial scale on the analysis of landscape pattern [J]. Landscape Ecology，1989 (3)：153-162.

[14] Monica G. Turner. Spatial and temporal analysis of landscape patterns [J]. Landscape Ecology，1990 (4)：21-30.

[15] 吕民元，俞德鸣. 城市・历史・规划——莫斯科、哥本哈根诸城市风貌与城市规划工作考察暨思考 [J]. 上海城市规划，2000 (6)：33-39.

[16] Makoto Yokohari，Marco Amati. Nature in the city，city in the nature：case studies of the restoration of urban nature in Tokyo，Japan and Toronto，Canada [J]. Landscape Ecol Eng，2005 (1)：53-59.

[17] Kees J. Canters，Cees P. den Herder，Aart A. de Veer，Paul W. M. Veelenturf，Rein W.

de Waal. Landscape-ecological mapping of theNetherlands [J]. Landscape Ecology，1991 (5)：145-162.

[18] 余柏椿，周燕. 论城市风貌规划的角色与方向 [J]. 规划师，2009 (12)：22-25

[19] 蔡晴. 基于地域的文化景观保护 [D]. 南京东南大学，2006.

[20] 区柳春，王磊，许险峰. 城市景观风貌规划控制框架的探索——以柳州市为例 [C]. //中国城市规划学会和谐城市规划——2007 年中国城市规划年会论文集，哈尔滨：黑龙江科学技术出版社，2007：479-484.

[21] Ye Qi，Mark Henderson，Ming Xu，et al. Evolving core-periphery interactions in a rapidly expanding urban landscape [J]. The case of Beijing Landscape Ecology，2004 (19)：375-388.

[22] 重庆市城市总体规划. 重庆建筑大学建筑城规学院，1996.

[23] 杨华文，蔡晓丰. 城市风貌的系统构成与规划内容 [J]. 城市规划学刊，2006 (2)：59-62.

[24] 张继刚. 二十一世纪中国城市风貌探 [J]. 华中建筑，2000 (02)：81-85.

[25] (日) 池泽宪. 城市风貌设计 [M]. 郝慎钧，译，羌苑，校. 北京：中国建筑工业出版社，1989：76.

[26] 重庆市村镇风貌设计导则. 2006.

[27] 刘玉成. 试论成都城市公共环境风貌特色 [J]. 四川建筑，2002 (1)：2-4.

[28] 邓鹏. 张家界城市山水景观规划与设计策略研究 [D]. 长沙：湖南大学，2009.

[29] 钟银根，葛幼松，张旭. 城镇景观风貌规划模式探讨 [J]. 小城镇建设，2009 (6)：87-92.

[30] 郭佳，唐恒鲁，闫勤玲. 村庄聚落景观风貌控制思路与方法初探 [J]. 小城镇建设，2009 (11)：85-91.

[31] Hersperger A M. Landscape ecology and its potential application to planning [J]. Journal of Planning Literature，1994 (9)：15-29.

[32] http://baike.baidu.com/view/185905.htm[OL].

[33] 顾鸣东，葛幼松，焦泽阳. 城市风貌规划的理念与方法——兼议台州市路桥区城市风貌规划 [J]. 城市问题，2008 (3)：17-21

[34] Golley F B，Bellot J. Interactions of landscape ecology planning and design [J]. Landscape and Urban Planning，1991 (21)：3-11.

[35] Erle Christopher Ellis，Nagaraj Neerchal，Kui Peng，et al. Estimating Long-Term Changes in China's Village Landscapes [J]. Ecosystems，2009 (12)：279-297.

[36] Meeus J H A，Wijermans M P，Vroom M J. Agricultural Landscapes in Europe and their transformation [J]. Landscape and Urban Planning，1990 (18)：289-352.

[37] Xiao Duning，Zhao Yi，Guo Linhai，Landscape Pattren Changes Inwest Suburbs of Shenyang [J]. Chinese Geographical Science，1994，4 (3)：277-288.

[38] 成受明，程新良. 城乡一体化规划的研究 [J]. 四川建筑，2005 (25)：29-31.

[39] 江向东. 民族地区城市规划建设特色探索 [J]. 恩施职业技术学院学报，2009 (4)：54-56.

[40] Hannes Palang1，Anu Printsmann1，Eva Konkoly Gyuro，et al. The forgotten rural landscapes of Central and Eastern Europe [J]. Landscape Ecology，2006 (21)：347-357.

[41] Neville D. Crossman，Brett A. Bryan，Bertram Ostendorf，et al. Systematic landscape restoration in the rural-urban fringe：meeting conservation planning and policy goals [J]. Biodivers

Conserv，2007（16）：3781-3802.

［42］ 沈洁，张京祥. 从朴素生态观到景观生态观——城市规划理论与方法的再回顾［J］. 规划师，2006（1）：73-76.

［43］ 陈洁萍，葛明. 景观都市主义谱系与概念研究［J］. 建筑学报，2010（11）：1-5.

［44］ 马世骏，王如松. 社会—经济—自然复合生态系统［J］. 生态学报，1984，4（1）：1-9.

［45］ 何小娥，阮雷虹. 试论地域文化与城市特色的创造［J］. 中外建筑，2004（2）：52-54.

［46］ 吴良镛. 基本理念·地域文化·时代模式——对中国建筑发展道路的探索［C］，建筑与地域文化国际研讨会暨中国建筑学会学术年会论文集，2001.

［47］ Sun-Kee Hong，In-Ju Song，Jianguo Wu. Fengshui theory in urban landscape planning［J］. Urban Ecosyst，2007（10）：221-237.

［48］ 赵民，何丹. 论城市规划的环境经济理论基础［J］. 城市规划汇刊，2009（2）：55.

［49］ 张秉忱. 要重视社会学在城市建设中的作用——《新城市社会学》读后感［J］. 城市规划，1986（6）：29-31.

［50］ Milne E，Aspinall RJ，Veldkamp TA. Integrated modelling of natural and social systems in land change science［J］. Landscape Ecology，2009（24）：1145-1147.

［51］ Naveh Z. Interactions of landscapes cultures［J］. Landscape Urban Planning，1995（32）：43-54.

［52］ 朱海滨. 鸟瞰中华——中国文化地理［M］. 沈阳：沈阳出版社，1997.

［53］ R. V. O'Neill，J. R. Krummel，R. H. Gardner，et al. Indices of landscape pattern［J］. Landscape Ecology，1988，1（3）：153-162.

［54］ 重庆市城乡建设委员会网站［OL］.

［55］ http://sucai. redocn. com/photo/2010-11-14/293319. html

［56］ Wolfgang Haber. Landscape ecology as a bridge from ecosystems to human ecology［J］. Ecological Research，2004（19）：99-106.

［57］ 丘连峰，邹妮妮. 城市风貌特色研究的系统内涵及实践——以三江城市风貌特色研究为例［J］. 规划师，2009，25（12）：26-32.

［58］ Sepp K，Bastian O. Studying landscape change：indicators，assessment and application［J］. Landsc Urban Plan，2007（79）：125-126.

［59］ Robert H. Giles，Jr. Maragaret K. Trani，Key elements of landscape pattern measures［J］. Environmental Management1999，23（4）：477-481.

［60］ Benoît Jobin，Jason Beaulieu，Marcelle Grenier，et al. Landscape changes and ecological studies in agricultural regions，Québec，Canada［J］. Landscape Ecology，2003（18）：575-590.

［61］ Kevin S. Hanna，Steven M. Webber，D. Scott Slocombe. Integrated Ecological and Regional Planning in a Rapid-Growth Setting［J］. Environmental Management，2007（40）：339-348.

［62］ Weiqi Zhou，Kirsten Schwarz，M. L. Cadenasso. Mapping urban landscape heterogeneity：agreement between visual interpretation and digital classi cation approaches［J］. Landscape Ecology，2010（25）：53-67.

［63］ Wood R，Handley J. Landscape dynamics and the management of change［J］. Landscape Research，2001（26）：45-54.

[64] Sullivan W C. Perceptions of the rural-urban fringe：citizen preferences for natural and developed settings [J]. Landscape and Urban Planning，1994 (29)：85-101.

[65] Schlaepfer R. Ecosystem-based management of natural resources：A step towards sustainable development [C]. Vienna，Austria：International Union of Forerst Research Organizations，1997 (6).

[66] Jianguo Wu. Urban sustainability：an inevitable goal of landscape research [J]. Landscape Ecology，2010 (25)：1-4.

[67] Yuya Kajikawa，Junko Ohno，Yoshiyuki Takeda，et al. Creating an academic landscape of sustainability science：an analysis of the citation network [J]. Sustain Sci，2007 (2)：221-231.

[68] B G Lockaby，D Zhang，J Mcdaniel，et al. Interdisciplinary research at the Urban-Rural interface：The WestGa project [J]. Urban Ecosystems，2005 (8)：7-21.

[69] Ryan C. Atwell，Lisa A. Schulte，Lynne M，et al. Landscape，community，countryside：linking biophysical and social scales in US Corn Belt agricultural landscapes [J]. Landscape Ecology，2009 (24)：791-806.

[70] Musacchio LR. The ecology and culture of landscape sustainability [J]. Landscape Ecology，2009 (24)：989-992.

[71] Stephenson J. The cultural values model：an integrated approach to values in landscapes [J]. Landsc Urban Plan，2008 (84)：127-139.

[72] Bürgi M，Russel E. W. B. Integrative methods to study landscape changes [J]. Land Use Policy，2001 (18)：9-16.

[73] 彭青. 武汉市景观地域体系研究 [D]. 武汉：武汉大学，2004.

[74] Marc Antrop. Changing patterns in the urbanized countryside of Western Europe [J]. Landscape Ecology，2000 (15)：257-270.

[75] Olaf Bastian，Rudolf Kronert，Zdenek Lipsky. Landscape diagnosis on different space and time scales-a challenge for landscape planning [J]. Landscape Ecology，2006 (21)：359-374.

[76] Owen J. Dwyer，Derek H. Alderman. Memorial landscapes：analytic questions and metaphors [J]. GeoJournal，2008 (73)：165-178.

[77] 王建国. 城市风貌特色的维护、弘扬、完善和塑造 [J]. 规划师，2007 (8)：5-9.

[78] R. Lafortezza，R. d. Brown，A Framework for landscape ecological design of New Patches in the rural landscape [J]. Environmental management，2004，34 (4)：461-473.

[79] 余柏椿. 非常城市设计——思想·系统·细节 [M]. 北京：中国建筑工业出版社，2008.

[80] http://baike.baidu.com/view/257295.html[OL].

[81]《国家地理》编委会. 游遍中国 [M]. 北京：蓝天出版社，2009.

[82] 紫图撰文，李玉祥摄影. 中国古镇图鉴 [M]. 陕西：陕西师范大学出版社，2003.

[83] 汤茂林. 文化景观的内涵及其研究进展 [J]. 地理科学进展 2000 (1)：70-79.

[84] Nassauer J. I. Culture and changing landscape structure [J]. Landscape Ecology，1995 (10)：229-237.

[85] 鈴木賢次. 東京都東久留米市柳窪地区に残る武蔵野の景観 (II)：土蔵の形式と特徴について [J]. 日本女子大学紀要. 家政学部，2010 (57)：117-129.

[86] Charlotte E. Gonzalez-Abraham, Volker C. Radeloff • Roger B. Hammer, Todd J. Hawbaker, et al. Building patterns and landscape fragmentation in northern Wisconsin, USA [J]. Landscape Ecology, 2007 (22): 217-230.

[87] 黄瓴，许剑锋. 保护与建构城市空间文化的对策与途径 [J]. 重庆大学学报，2008，14 (3): 14-17.

[88] Itziar de Aranzabal, Marı'a F. Schmitz, Francisco D. Pineda. Integrating Landscape Analysis and Planning: A Multi-Scale Approach for Oriented Management of Tourist Recreation [J]. Environmental Management, 2009 (44): 938-951.

[89] 王冬，刘洪涛，等. 一个建筑地方性特色与创作研究的“实验文本”[J]. 新建筑，2003 (2): 26-28.

[90] http://www.dahe.cn/xwzx/zt/gnzt/wlmtynx/zxbd/t20060909_653095.htm[OL].

[91] 李伟，俞孔坚. 世界文化遗产保护的新动向——文化线路 [J]. 城市问题，2005 (4): 7-12.

[92] 曾露. 地名文化：印记在时间长河中的文明 [N]. 中国信息报，2009-03-27 (5).

[93] 花露，张洁玉. 地名文化的旅游价值及开发浅析 [J]. 商业经济，2009 (11): 99-101.

[94] A. Garcıa-Quintana, J. F. Martın-Duque, J. A. Gonzalez-Martın, et al. Geology and rural landscapes in central Spain (Guadalajara, Castilla—La Mancha).

[95] 张序强. 地貌的旅游资源意义及地貌旅游资源分类 [J]. 自然科学，1999，21 (6): 18-21.

[96] 陈传刚. 地貌的旅游评价研究 [J]. 河南大学学报，1985 (1): 65-74.

[97] Brigitte Dorner. Ken Lertzman and Joseph Fall Landscape pattern in topographically complex landscapes: issues andtechniques for analysis [J]. Landscape Ecology, 2002 (17): 729-743.

[98] http://www.mdv.com.cn/res/seniorgeo/consult/book/018/41.htm[OL].

[99] Evelyn A. Howell. Landscape Design, Planning and Management: An Approach to the Analysis of Vegetation [J]. Environmental Management, 19815 (3): 207-212

[100] 郝小飞. 我国森林景观视觉设计途径初探 [D]. 北京：北京林业大学. 2007.

[101] 昌平新城生态规划. 北京市城市规划设计研究院.

[102] 宇振荣. 都市多功能农业走廊景观特征需求和建设模式研究 [C]. 中国风景园林学会 2009 年会论文集. 北京：中国建筑工业出版社，2009.

[103] Jianguo Wu. Effects of changing scale on landscape pattern analysis: scaling relations [J]. Landscape Ecology, 2004 (19): 125-138.

[104] 何伟. 区域城镇空间结构及优化研究——以江苏省淮安市为例 [D]. 南京：南京农业大学. 2002.

[105] Emilio Dl'az-Varela, Carlos Jose' A'lvarez-Lo'pez, Manuel Francisco Marey-Pe'rez. Multiscale delineation of landscape planning units based on spatial variation of land-use patterns in Galicia, NW Spain [J]. Landscape Ecol Eng, 2009 (5): 1-10.

[106] K. Michael Bessey. Structure and Dynamics in an Urban Landscape: Toward a Multiscale View [J]. Ecosystems, 2002 (5): 360-375.

[107] 金继晶，郑伯宏. 面向城乡统筹的空间管制规划 [J]. 现代城市研究，2009 (2): 29-34.

[108] Tress B, Tress G. Scenario visualisation for participatory landscape planning—a study from Denmark [J]. Landscape and Urban Planning, 2003 (64): 161-178.

[109] 上林国际文化有限公司．最新城市规划设计［M］．武汉：华中科技大学出版社，2007.
[110] 刘学飞．德州市城市总体规划阶段城市特色构建研究［D］．武汉：武汉大学，2005.
[111] 邵岩峰，宮原和明，庄山茂子．色彩が町並みの景観印象に与える影響についての基礎的研究：ドイツ，中国，日本の町並み景観について［J］．日本，中国の大学生による評価，日本建築学会研究報告．九州支部．3，計画系，2010（49）：333-336.
[112] 施俊天．乡村景观色彩营造的提炼与置换［J］．艺术空间（文艺争鸣），2010（7）：134-136.
[113] http://southphoto.cn/view_pic.asp? id=49505［OL］.
[114] 李春艳．城市色彩设计的新思考［J］．农业科技与信息（现代园林），2010（1）：21-23.
[115] 黄兴国，石来德．城市特色资源辨析与转化［J］．同济大学学报（社会科学版），2006（2）：31-38.
[116] Henry David Venema，Ahl H. Calamai. Bioenergy Systems Planning Using Location-Allocation and Landscape Ecology Design Principles［J］. Annals of Operations Research，2003（123）：241-264.
[117] http://hi.baidu.com/yjr47361699/album/item/177abc3569a0ea0f241f1430.html#［OL］.
[118] 延庆县沟域经济发展规划（2010-2014）
[119] Julie Crick，Linda Stalker Prokopy. Prevalence of Conservation Design in an Agriculture-Dominated Landscape：The Case of Northern Indiana［J］. Environmental Management，2009（43）：1048-1060.
[120] 张玲．商务与商业分离背景下城市中心区景观空间解析［D］．西安：西安建筑科技大学，2006.
[121] 顾中华．科技产业园规划设计初探［D］．西安：西安建筑科技大学，2009.
[122] 杨坤．创意产业园的建筑空间研究［D］．大连：大连理工大学，2006.
[123] http://www.qqtc.cn/newsdetail.asp? id=11600［OL］.
[124] 昌平城乡特色风貌控制规划．哈尔滨工业大学城市规划设计研究院.
[125] 北京市第五次森林资源二类调查报告．北京市林业勘察设计.

后　记

仲夏时节，百年的土木楼又迎来了雏燕远飞的日子。思绪从刚刚结束的本科生毕业典礼回来，窗前静思，才发现时间已经无声无息地又走过了一年。长吁一口气，行文至此，也就意味着本书的写作到了谢幕之时。

回首课题研究和本书的写作过程，心中存在太多的感怀。首先衷心感谢徐苏宁教授！作为我博士求学期间的导师，他严谨的治学态度、不懈探索的精神、诲人不倦的师德以及谦和的为人，是我一生受之不尽的宝贵财富。

感谢如同兄长的启蒙导师赵天宇教授领我进入规划的殿堂，诱发我学术研究的兴趣。赵老师在城乡规划领域特有的敏感、深刻、睿智和卓识，教导我去不断参悟新的规划理念和方法。本书的选题和文中一些疑难问题的解决离不开赵老师的帮助。感谢程文教授，多年来，程老师的妙语连珠总能给我带来启发，激励我前进。

感谢郭恩章教授、李桂文教授以及我的同事们在论文写作过程中给予的帮助和指导！

感谢北京市规划委员会昌平分局段刚局长及其同仁对昌平城乡风貌规划研究的鼎力支持，为本书的研究提供一片实践的沃土。

感谢中国建筑工业出版社建筑与城乡规划图书中心的编辑徐冉女士、张明先生一直以来为此书的顺利出版所付出的辛勤劳动，他们对工作极为认真负责的态度令我感动。

感谢我的研究生赵继光、甄玮、石拓、孔凡秋、马彦红等在资料的搜集、整理以及文献翻译上的援手之劳。

感谢我深爱着的妻子，她不仅用尽全部心血呵护我们寄托精神和情感的家，还促使我养成严谨的科学态度、不懈的探索精神以及谦和的处事方式，激发我继续深造的斗志。感谢我活泼可爱的女儿，她的出生和成长给我和家庭带来无限的欢笑。

感谢我年迈的母亲，正是她的劳苦和坚持给了我成长的动力。感谢善良的岳父、岳母，有了他们的关心和疼爱，我很幸福！

最后，再次衷心感谢每一位关心过我、帮助过我、给过我鼎力支持而在此尚未提及的人们，谢谢你们！

本书是以我在哈尔滨工业大学建筑学院所作的博士论文为基础完成的。

城乡风貌规划研究是一个复杂的巨系统科学，它较之于城市风貌特色规划研究和大地景观规划研究拥有更丰富的内容，因此，本书未能涵盖所有的城乡风貌特殊研究对象，而且城乡风貌研究所涉及的文化、经济、社会等影响因素也会随着社会发展政策的变化而变化。鉴于篇幅有限，本书仅是对城乡风貌规划研究的阶段性成果，是立足于当前阶段进行的创新性研究，目的是提出城乡统筹背景下城乡风貌规划体系的构建及相关对策。随着城乡风貌规划研究范畴的不断拓展和研究方法的不断完善，城乡风貌规划的研究策略和技术方法还需要在后续研究中进一步完善。

袁 青

2012年6月6日